FRED&OTTO

Myriam Hoffmann · Bertold Werkmann

# Stadtführer für Hunde
# FRED&OTTO
## Unterwegs in Frankfurt am Main

FRED&OTTO

# Impressum

Bibliografische Informationen der Deutschen Nationalbibliothek

Die Deutsche Nationalbibliothek verzeichnet diese Publikation in der Deutschen Nationalbibliografie; detaillierte bibliografische Daten sind im Internet über

http://dnb.d-nb.de abrufbar.

ISBN: 978-3-9815321-6-6

Grafisches Gesamtkonzept, Titelgestaltung, Satz und Layout: Stefan Berndt – www.fototypo.de

© Copyright: FRED & OTTO – der Hundeverlag / 2013

www.fredundotto.de

Illustration: Leandro Alzate
(www.leandroalzate.com)

# Abbildungsverzeichnis

Bertold Werkmann: S. 9, 12, 13, 16, 17, 18, 19, 20, 21, 27, 28, 29, 34, 35, 36, 37, 39, 40, 54, 55, 59, 61, 62, 66, 67, 68, 69, 72, 73, 74, 75, 76, 77, 78, 84, 85, 88, 89, 91, 94, 95, 97, 98, 99 (oben und unten) 101 (oben und unten), 102 (oben und unten), 103, 104, 107 (oben und unten), 109, 110 (oben und unten), 111, 112, 113, 114, 115, 116 (oben und unten), 118, 119, 120, 121, 123, 124, 125, 126, 127, 128, 129 (oben und unten), 131, 132, 133, 134, 135, 136, 137, 138, 139, 140, 141, 142, 143, 144, 145, 148, 150, 151 (oben und unten), 154, 156, 158, 159, 165 (oben und unten), 168, 169, 170 (oben und unten), 171, 173, 174, 178, 179, 181, 184, 185, 188, 189, 190, 191, 192, 193, 194, 195, 197, 204, 205, 209, 213, 214, 218, 219, 228, 229, 233, 235, 237, 238, 244, 245, 249, 251, 255, 256, 265

Fred & Otto: S. 33 (Ina Maslok); S. 44 (Alexander Schug); S. 53 (Ina Maslok); S. 80 (Alexander Schug); S. 96 (Ina Maslok); S. 106 (Ina Maslok); S. 198 (Adrian Lieb); S. 211 (Alexander Schug); S. 243, 253 (Ina Maslok);

Städel Museum Frankfurt am Main – Artothek: (Franz Marc (1880-1916) Liegender Hund im Schnee (1911), Leinwand, 62,5 x 105 cm): S. 22; Dobermann Züchter: S. 32; Brunopet e. V.: S. 43; www.wuehltischwelpen.de: S. 47, 49; Jagdgefährten e. V.: S. 51; Tierheimhelden: S. 52; Flexidog: S. 64, 65; www.openstreetmap.org (Lizenz: CC BY-SA 2.0): S. 146, 147; Vanessa Lewerenz-Bourmer; S. 183; VITA-Assistenzhunde: S. 201, 202, 203; Tasso: S. 217; Vetfinder (Thomas Hinze): S. 225, 226; Almut Otto: S. 227; Snoopet (Larissa Maes): S. 242

Ebbelwei-Express: S. 23 (oben); Velotaxi Frankfurt: S. 23 (unten, Foto: M. Graf); Primus Linie: S. 24; Michael Witter: S. 25; Katja Sauer: S. 152, 153, 162, 163, 215; Hundenothilfe 4 Pfoten e.V.: S. 79; Petra Pfeiffer: S. 160, 161; Willi Kutzinna: S. 167

(Rechte zu den Produktabb. liegen bei den jeweiligen Herstellern).

Finde uns auf Facebook unter www.facebook.com/fredundotto

# Inhalt

# VORWORT

Wenn Sie dies hier lesen ist es wahrscheinlich zu spät …

Sie teilen Ihr Leben bereits mit einem Hund, sympathisieren mit dem Gedanken sich (wieder) einen anzuschaffen oder sind neu zugezogen mit Hund oder für eine gewisse Zeit hier beheimatet mit Hund? Damit sind Sie zwar unrettbar verloren für die Welt all jener Mitmenschen, die keinen Einblick in die Welt der Hundeliebhaber haben. Aber: Kein anderes Tier auf der Welt geht mit dem Menschen eine solch besondere und innige Bindung ein. Kein anderes beeinflusst das Verhalten seiner Besitzer in so großem Ausmaß und kaum eines verlangt dem Halter einen so großen Aufwand ab bzw. eine Teilhabe an seinem Leben wie ein Hund – was bei Uneingeweihten oft nur Kopfschütteln hervorruft. Genaugenommen ist der Hund das einzige Tier, auf das die Bezeichnung „Haustier" nicht zutrifft. Denn seine Rolle ist die eines Lebensbegleiters und seine Gegenwart beschränkt sich nicht auf das häusliche Umfeld, sondern wir treffen ihn fast überall und in allen Lebenssituationen an. Nicht nur auf der Couch oder im Bett – wo manch Hundehalter lieber wie ein Fragezeichen liegend einen Rückenschaden riskiert als seinen Hund zu wecken. Der Hund ist ein Lebenstier! Wären dem Hund nicht an manchen Orten der Zugang verwehrt, wir würden auch an diesen Plätzen Mensch und Hund gemeinsam antreffen. Gäbe es einen Hund- und Besitzerbadetag im Hallenbad, wir wetten, der Andrang wäre kaum

zu bewältigen. Wenn irgendwo eine Eisfläche entsteht, wen sieht man als erste auf dem Eis? Kinder und Hunde! Wäre es möglich, würden manche Besitzer ihren Hund möglicherweise auch mit in die Oper nehmen, ganz sicher aber mit ins Fußballstadion zum nächsten Eintrachtspiel. Das dem nicht so ist, hat einen guten Grund. Nicht jeder Mensch mag Hunde – unverständlich aber wahr.

In unserer wunderbaren Stadt Frankfurt am Main treffen die unterschiedlichsten Menschen, Kulturen, Ansichten und Lebensentwürfe auf engem Raum aufeinander. Dass bedingt Regeln und verständnisvollen Umgang miteinander. Um letzteren einfacher zu machen, haben wir dieses Buch für alle Hundehalter und hundehaltenden Besucher geschrieben. Denn immer mehr Menschen ziehen in die Stadt und der steigende Anteil von Singlehaushalten bedingt eine stetig steigende Zahl von Haustieren. Ein Umstand, der möglicherweise noch nicht allen Verantwortlichen in der Stadtpolitik bewusst ist. Wir hoffen, dieses Buch kann dabei helfen diese Bewusstseinslücke zu schließen.

Wir haben uns mit den Themen auseinandergesetzt, die für Hundemenschen im Leben in der Stadt von Relevanz sind oder werden können, Adressen und Fakten gesammelt und besonderes Berichtenswertes herausgepickt. Wir haben Orte besucht, wo Hunde willkommen sind und solche, die man besser meiden sollte. Vor allem aber haben wir mit vielen Menschen gesprochen, um ein Bild davon zu erhalten und zu vermitteln, wie es in Frankfurt rund um das Thema „Hund" bestellt ist. Herausgekommen ist ein Kaleidoskop der Frankfurter Hundewelt. Es wird auch einiges in Frankfurt und Umgebung geben, was wir nicht gefunden haben ... für weitere Anregungen sind wir dankbar und möchten diese in späteren Ausgaben gerne berücksichtigen.

Wie erwartet werden die Frankfurter ihrem Ruf als weltoffene und tolerante Bürger mit traditionellen Wurzeln sehr gerecht, auch im Umgang mit Hunden und deren Haltern. Im Gegensatz zu manchen anderen Städten in Deutschland herrscht in Frankfurt kein großer Graben zwischen Hundefreunden und -gegnern. Der „Frankfurter" gilt schon seit jeher als ein Vertreter des Leben und Lebenlassens. Möglicherweise ist dies zudem der guten Arbeit des Ordnungsamts geschuldet und weiterhin der geografischen Besonderheit der Stadt, die von einem leicht zu erreichenden grünem Gürtel aus Wald und landwirtschaftlichen Flächen umgeben ist und dem Main und der Nidda, an dessen Ufern sich viele schöne Stellen finden lassen.

Wir möchten Sie einladen, mit Ihrem Lebenstier Frankfurt am Main zu erleben und zu entdecken. Einladen, Teil einer großen Hundefreundegemeinschaft zu sein.

Bei unserer Arbeit an diesem Buch begleitete uns "Sina" (Angie vom Maindreieck), eine betagte Dobermännin von nahezu 14 Jahren, die während langer Erkundungstouren und Interviews tapfer durchgehalten hat. Somit ist auch die "caniditäre" Frauenquote in Frankfurt erfüllt.

An dieser Stelle sei ausdrücklich allen gedankt, die wir interviewen und fotografieren durften, die uns Tipps und Hintergründe verraten haben.

Und ein Dankeschön an Maxi Hoffmann für viel Geduld und Unterstützung für seine Mama.

Vielleicht begegnen wir uns ja mal beim Gassigehen.

Myriam Hoffmann &
Bertold Werkmann

# Schnelleinstieg in die Frankfurter Hundewelt

## Anzahl der Hunde

ca. 17.000 (Stand Juli 2013)

## Höhe der Hundesteuer

Die Anmeldung ist gebührenfrei. Die Steuer beträgt 90 Euro für jeden gehaltenen Hund und 180 Euro für jeden weiteren Hund. Für gefährliche Hunde sind 900 Euro fällig. Für die Haltung dieser Hunde wird die Steuer im Rahmen einer Steuervergünstigung auf jährlich 225 Euro reduziert, wenn der Hund mit der/dem Halterin/Halter die Begleithundeprüfung oder eine gleich- oder höherwertigere Prüfung (Schutzhundeprüfung, Fährtenhundeprüfung, Rettungshundeprüfung) entsprechend den Richtlinien des VDH, abgenommen von einer/einem durch den VDH anerkannten Prüferin/Prüfer, bestanden hat. Die Prüfung ist durch Vorlage des Prüfungszeugnisses nachzuweisen.
Eine Steuerbefreiung, jedoch nicht für dauerhaft gefährliche Hunde, wird auf Antrag für das Halten von Hunden gewährt, die ausschließlich dem Schutz und der Hilfe blinder, tauber oder sonst hilfloser Personen (Personen mit einem Schwerbehindertenausweis mit den Merkzeichen B, BL, aG oder H) dienen.
Die Steuerpflicht beginnt mit dem 1. des Kalendermonats, in dem ein Hund in einem Haushalt aufgenommen wird. Bei Hunden, die dem Halter/ der Halterin durch Geburt einer von ihm / ihr gehaltenen Hündin zuwachsen, beginnt die Steuerpflicht mit dem 1. des Kalendermonats, in dem der Hund drei Monate alt wird.
Die Steuerpflicht endet mit dem Ablauf des Kalendermonats, in dem die Hundehaltung beendet wird.

Die steuerliche Anmeldung eines Hundes kann per Online-Formular (dieses ausdrucken, ausfüllen, unterschreiben, einscannen und per Mail versenden), per PDF, per Fax, telefonisch oder persönlich erfolgen.
Kassen- und Steueramt
Paulsplatz 9, 60311 Frankfurt am Main
Tel.: 069-21 23 35 92
Fax: 069-21 23 19 76
Mail: sonstige-steuern.amt21@stadt-frankfurt.de

## Bußgelder

35 – 75 Euro bei leichte Vergehen (Hundehaufen) und bis zu 500 Euro Regelbußgeld bei schweren Vergehen, fortwährender Zuwiderhandlung und Hundehaufen auf Kinderspielplätzen, Liegewiesen u. ä.

## Wo muss ich in der Stadt anleinen?

Es gibt keinen generellen Leinenzwang in Frankfurt. Jedoch ist der Hund anzuleinen auf öffentlichen Straßen, Wegen und Plätzen, in öffentlichen Parks, Garten-, und Grünanlagen, in öffentlichen Gebäuden, Schulen und Kindergärten, in Naturschutzgebieten, Aufzügen, Messen, Märkten, auf Volksfesten, auf öffentlichen Grundstücken und bei Menschenversammlungen.

## No-Go-Areas

Kinderspielplätze, Spiel- und Liegewiesen sowie Naturschutzgebiete.

## Wo darf mein Hund baden?

Innerhalb des Stadtgebietes, selbst in unmittelbarer Nähe von Hundefreilaufgebieten, darf theoretisch kein Hund ins Wasser.

## Haftpflicht und Chip

Derzeit besteht für Frankfurter Hundehalter noch keine Pflicht zum Abschluss einer Haftpflichtversicherung. Für Hunde keine Chipflicht.

## Kennzeichnung der Hunde

Alle Hunde in Hessen müssen am Halsband die Adresse des Halters mit sich tragen.

## Regelungen für „gefährliche Hunde"

Außerhalb des Gartens oder der Wohnung sind gefährliche Hunde an der Leine (max. zwei Meter Länge) zu führen (ausgenommen Hunde mit positiver Wesensprüfung).

## Auslaufgebiete

Alle von der Stadt ausgewiesenen Hundefreilaufflächen haben wir besucht und detailliert im Kapitel Gassi & Co. vorgestellt. Darüber hinaus gilt generell in allen Gebieten des Frankfurter GrünGürtels und im Frankfurter Stadtwald keine Leinenpflicht, außer entsprechende Regeln vor Ort sprechen dem entgegen.

## Hunde im öffentlichen Nahverkehr

Hunde müssen im RMV – das sind S-/U-Bahn, Bus und Züge – angeleint werden, sofern sie nicht in einer Tragetasche transportiert werden. Die Tiere dürfen umsonst mitfahren. Voraussetzung: Der Besitzer hat einen gültigen Fahrschein gelöst und beaufsichtigt den Hund. In Zügen der DB zahlen größere Hunde den halben Fahrpreis.

# Stadt & Hund

Frankfurt am Main ist mit mehr als 700.000 Einwohnern die größte Stadt Hessens und die fünftgrößte Stadt Deutschlands. Während 1997 nur rund 13.300 Hunde gezählt wurden, leben in Frankfurt heute (Stand Juli 2013) ca. 17.000 offiziell gemeldete Hunde. Im gesamten Rhein-Main-Gebiet leben laut Erhebung der IHK über 5,5 Millionen Menschen und ca. jeder 40. besitzt einen Hund. Zum Einstieg ein fotografischer Streifzug durch die Stadt.

FÜR WINDHUNDRENNEN
CWF
FRANKFURT AM MAIN E.V.
GEGR. 1949
OFFENBACH.DE

# Frankfurt mit Hund erleben!

## Möglichkeiten, die Stadt zu erkunden

Der berühmteste Hund Frankfurts ist wohl der braune Pudel Butz von Arthur Schopenhauer, es sei denn man zählt Franz Marcs „liegenden Hund im Schnee" Russi mit, der im Kunstmuseum Städel hängt. Immerhin ist es das beliebteste Bild der Frankfurter Museumsgänger. Es stach bei einer Aktion des Städel-Museums und der „Frankfurter Allgemeinen Zeitung" 39 Konkurrenten aus.

Schlafender Hund im Städel von Franz Marc

Im Gegensatz zu diesem schlafenden Hund sind unsere Frankfurter Hunde hellwach und topfit, wovon Sie sich auf den nächsten Seiten überzeugen können! Um Frankfurt ein bisschen besser kennen zu lernen, haben wir ein paar interessante Touren für Sie zusammengestellt. Alle diese Touren können Sie mit Hund unternehmen – und sind selbst für Insider noch spannend. Ob Sie nun per Pedes, mit der historischen Straßenbahn, mit dem Schiff, einem Doppeldecker, einer nostalgischen Dampflok oder einem Velotaxi die Stadt erkunden … suchen Sie sich einfach etwas Schönes aus!

## Stadtrundfahrt mit dem legendären Ebbelwei-Express

Traditionell, urgemütlich und absolut einmalig können Sie in Frankfurt mit dem Ebbelwei-Express eine Stadtrundfahrt unternehmen, Hunde mitnehmen erlaubt! In historischen Straßenbahnwagen geht es vorbei an vielen Sehenswürdigkeiten Frankfurts – am Frankfurter Zoo, dem Museum für Moderne Kunst, dem Frankfurter Dom (Tipp: Besuchen Sie doch danach zu Fuß die Ausgrabungen im Archäologischen Garten hinter dem Dom), dem Römer, der Paulskirche, dem Willi-Brand-Platz (ehemaliger Theaterplatz), dem Hauptbahnhof, der Messe, der Friedensbrücke, dem Museumsufer, Alt Sachsenhausen bis zum Portikus. Und während der einstündigen Fahrt können Sie ganz entspannt bei Musik und Bretzeln das original Frankfurter Stöffche (Apfelwein) und die Aussicht auf Frankfurt genießen. Natürlich gibt es auch alkoholfreie Getränke. Den aktuellen Fahrplan finden Sie unter: http://www.ebbelwei-express.com/html/fahrplan_preise_p354.html und das Beste ist: Man kann den Ebbelwei-Express auch mieten!

Ebbelwei-Express

Ein Tipp für Uneingeweihte:
Apfelwein spricht sich Äppelwoi oder Äppler … und wer ihn noch nie getrunken hat, bestellt zum Einstieg einen Süßgespritzen = das ist Äppler verdünnt mit viel süßer Zitronenlimonade. Fortgeschrittene genießen bei großer Hitze einen Sauergespritzten = Äppler mit Sprudel. Nur hartgesottene echte Frankfurter trinken das Stöffche pur.

## Verkehrsgesellschaft Frankfurt am Main mbH

Kurt-Schumacher-Str. 8
60311 Frankfurt am Main
Tel.: 069-21 32 24 25
Fax: 069- 213-22 727
Mail: info@ebbelwei-express.com
Web: www.ebbelwei-express.com

## Per Velotaxi durch Frankfurt

Wenn sich Ihr Hund traut, dann er-fahren Sie doch Frankfurt mit einem Velotaxi! Beziehungsweise lassen Sie sich fahren. Die umweltfreundliche Sightseeingtour geht vorbei an den Hauptsehenswürdigkeiten: Altstadt am Römerberg – Paulskirche –

Steinernes Haus – Kaiserdom – Archäologischer Garten – Museum für moderne Kunst – Zeil – Hauptwache – Eschenheimer Turm – Börse – Fressgass – Alte Oper – Goethestrasse – Goethehaus. Die Tour dauert ungefähr 60 Minuten und Sie bekommen vom Fahrer die Sehenswürdigkeiten erklärt (auf Wunsch bei Vorbestellung auch in Fremdsprachen). Sie können sich natürlich auch von einem Ort zum anderen fahren lassen oder eine Eventtour buchen (zum Beispiel Goethetour – Wolkenkratzertour – Museums- oder Mainufertour). Sie können Velotaxis anrufen und bestellen oder Sie finden die bunten Dreiräder vom 1. April bis 31. Oktober von 12 Uhr bis 20 Uhr an vielen Knotenpunkten wie zum Beispiel der Hauptwache, Zeil oder dem Römer. Gegen eine Anfahrtspauschale werden Sie auch gerne von Zuhause abgeholt und auch wieder nach Hause gebracht.

## Velotaxi Frankfurt

Große Seestr. 17
60486 Frankfurt
Tel.: 069-71 58 88 55
Mail: mail@frankfurt.velotaxi.de

heim, Stankt Goarshausen besuchen (und unterwegs der Loreley zuwinken) und bis Heidelberg schippern. Am Ziel angekommen bleibt ausreichend Zeit, um mit Ihrem vierbeinigen Freund mal eine andere Stadt anzuschauen. Und später geht es gemütlich wieder mit dem Schiff bei einem leckeren Essen zurück. Oder Sie buchen einfach eine Rundfahrt im Frankfurter Stadtgebiet und sehen unsere schöne Stadt und ihre außergewöhnliche Skyline mal von einer ganz anderen Perspektive. Sie fahren vorbei an unseren Wahrzeichen, an Alt-Sachsenhausen, Main-Plaza, Dom, Römer und am Städel Museum.

## Primus Linie

Mainkai 36
60311 Frankfurt
Tel.: 069-13 38 370
Mail: mail@primus-linie.de

## Schiff Ahoi – Flussfahrt mit Hund

Nehmen Sie doch ihren Hund mal mit auf ein Schiff. Vom Eisernen Steg mitten in Frankfurt aus fährt zum Beispiel die Primus Linie ab April stündlich (an Sonn- und Feiertagen sogar halbstündlich) zu vielen Orten in naher und auch weiterer Umgebung.

Sie haben die Auswahl zwischen Kurz-, Tages- und Abendfahrten sowie diversen Eventfahrten. Es geht Mainaufwärts nach Seligenstadt (siehe Ausflugsziele) und Aschaffenburg und den Main abwärts bis zur Mündung. Am Rhein können Sie die Städte Mainz, Wiesbaden, Eltville, Rüdes-

## Voll unter Dampf! Ausflug in einer historischen Eisenbahn

Im Oktober 1977 beendete die Bundesbahn die Ära der Dampfloks und stellte die Fahrten ein. Erst fünf Jahre später wurde das generelle Dampflokverbot wieder gelockert. Und so leben die dampfenden Stahlrösser weiter – unter anderem dank der Historischen Eisenbahn Frankfurt e. V. Auch im Jahr 2013 erinnert sie mit mehr als zehn Dampfsonderzügen ab Frankfurt an die glorreiche Epoche deutscher Eisenbahngeschichte.

Also schnappen Sie sich Ihren Hund, steigen Sie ein, erleben Sie unvergessliche

Volldampf voraus

Stunden im Geiste einer verflossenen Epoche. Machen Sie zum Beispiel eine Fahrt zur Dampflokschmiede der DB AG in Thüringen, eine Taunusrundfahrt oder eine Pendelfahrt auf der Hafenbahn vom Eisernen Steg aus. Oder nutzen Sie die Gelegenheit und dampfen Sie stilecht und romantisch einem Weihnachtsmarkt entgegen – in 2013 zum Beispiel nach Michelstadt im Odenwald oder nach Rüdesheim am Rhein.

## Historische Eisenbahn Frankfurt e. V.

61462 Königstein im Taunus
Tel.: 0171-47 24 489 oder 06174 -22 015
Web: www.frankfurt-historischeeisenbahn.de

## Auf Schusters Rappen durch die Stadt

Eine originelle Stadtführung bekommen Sie bei Frankfurter-Stadtevents. Lernen Sie Frankfurt aus der Sicht eines Frankfurters kennen (auf Wunsch wird frank-

furtisch auch gerne ins Deutsche übersetzt). Empfehlenswert ist auch eine Stadtführung für Neufrankfurter. Sie erhalten einen Frankfurter „Führungs-Quickie" mit allen wichtigen Informationen und den schönsten Orten unserer Stadt und lernen andere Neufrankfurter kennen. Und Ihr Hund darf mit und die für sich besten Ecken ausschnüffeln. Sie können auch verschiedene Themenführungen machen, u.a. Bulle & Bär (Interessantes über die Wirtschaft), Frankfurt bei Nacht, Altstadttour, eine Skandaltour (pikante Orte), Lustalleen & Gärten aus 1001 Nacht oder Frankfurts Unorte. Diese Führung zu meist unbekannten jedoch sehr interessanten Plätzen und geheimen Schätzen Frankfurts ist verpackt in interessante, kleine Anekdoten.

Beim Freundeskreis Liebenswertes Frankfurt geht es sehr freundschaftlich und persönlich zu. Sie erhalten von den ehrenamtlichen Stadtführern eine kostenlose Stadtführung nach Ihren Wünschen, und das sogar schon ab einer Person. Üblicherweise dauern die Stadtführungen etwa zwei Stunden. In aller Regel wird das Programm mit dem Gast abgestimmt. Bei dem spezifischen „Problem" mit Hunden und Gebäuden können die Hundebesitzer die Hunde einem oder zwei Teilnehmern anvertrauen, der Rest geht ins Gebäude. Anschließend übernehmen die anderen

die Hunde und die bislang Wartenden bekommen das Gebäude noch einmal erklärt. Der Verein bietet auch Führungen durch Höchst, Sachsenhausen und Bockenheim an.

## Frankfurter-Stadtevents

Ludwigstraße 33–37
60327 Frankfurt am Main
Tel.: 069-97 46 03 27
Fax: 069-97 46 08 332
Mail: info@frankfurter-stadtevents.de

## Freundeskreis Liebenswertes Frankfurt e. V.

Ansprechpartner: Herr Boller
Postfach 64 01 26
60355 Frankfurt am Main
Mail: info@frankfurt-liebenswert.de
Web: www.frankfurt-liebenswert.de

## Der Touriklassiker – mit dem Doppeldeckerbus durch Frankfurt

Frankfurt Sightseeing nach englischem Vorbild: Mit dem feuerroten Doppeldeckerbusses haben Sie eine ungehinderte Sicht auf die wichtigsten, interessantesten und schönsten Sehenswürdigkeiten. Angeboten werden drei verschiedene Touren. Mit einem Tagesticket können Sie an insgesamt 16 Haltestellen beliebig aus- oder zusteigen. Bei schönem Wetter kann das über die gesamte Dachfläche reichende Schiebedach geöffnet werden und Sie können die Fahrt bei Sonnenschein genießen. Hunde sind an Bord herzlich willkommen.

## Yellow Cab Frankfurt GmbH

Beethovenplatz 1-3
60325 Frankfurt am Main
Tel.: 069-74 09 33 54
Web: www.stadtrundfahrten-frankfurt.de

## EXPLORA – Mit dem Hund ins Museum

Mit Hund ins Museum geht nicht?! Geht doch! Im Frankfurter Wissenschafts- und Technikmuseum EXPLORA von Gerhard Stief sind Hunde ausdrücklich erwünscht. Als Hundebesitzer störte es ihn stets, dass sein Hund nie mit in ein Museum hinein durfte. War er mit Frau und Hund unterwegs, konnte nur einer in ein Museum gehen – der andere musste draußen mit Hund warten. Deshalb beschloss der ehemalige Werbefotograf, dass in seinem 1995 eröffneten „Science-Center" die ganze Familie willkommen sein soll, inklusive Hund.

Das Museum zeigt spannende Exponate zum Thema Sehen, Wahrnehmen und Sinne, wie etwa Stereofotografien – die durch eine 3D-Brille betrachtet räumliche Tiefe vermitteln, eine umfangreiche Hologrammsammlung, Magic Eyes, Prismenraster, Vexierbilder und vielerlei mehr. Beispielsweise werden im Museum drei der sechs in Europa befindlichen PHSColograms ausgestellt. PHSColography ist die jüngste Technik der stereoskopische Darstellungen – bewegt sich der Besucher, springt das Subjekt. Oder auch unmögliche Figuren à la M. C. Escher – also Zeichnungen oder Gemälde, die im realen dreidimensi-

onalen Raum so nicht existieren könnten. Außerdem ist die EXPLORA ein Mitmach-Museum zu den Themen: Wahrnehmung, Sinnestäuschung, Kunst, Sprache, Mathematik, Physik, Riechen, Tasten, Hören und Fühlen. In einer einzigartigen Experimentierlandschaft wecken interaktive Objekte spielerisch die Lust zum Lernen und Verstehen.

## EXPLORA - Science Center Frankfurt

Glauburg Platz 1
60318 Frankfurt am Main
Tel.: 069-78 88 88
Fax: 069-78 77 77
Mail: email@explora.de
Web: www.explora.de

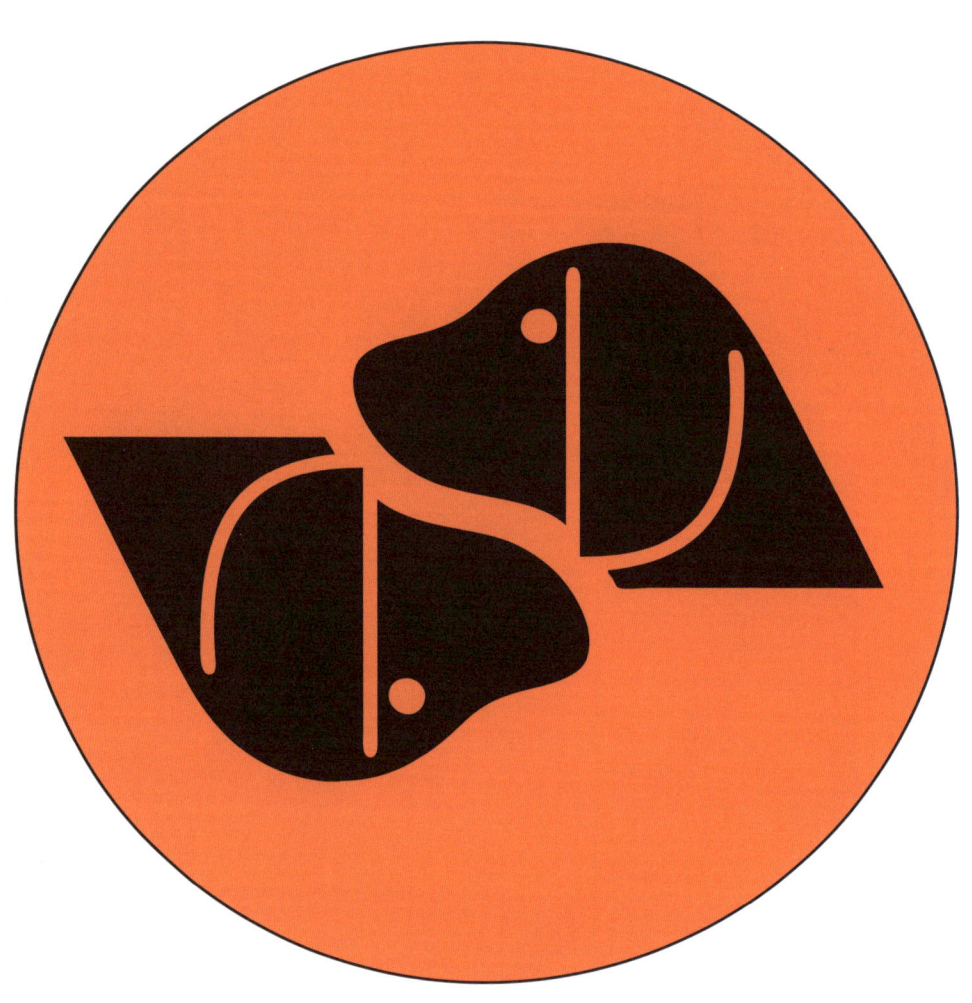

# Züchter, Tierheim & Co.

Der Hund – der beste Freund des Menschen. Doch vor der Entscheidung für einen besten Freund gilt es einige Dinge zu beachten. Ein Hund braucht viel Zeit, Aufmerksamkeit, Liebe und das (hoffentlich) für viele Jahre! Habe ich die? Welcher Hund passt zu mir? Ein kleiner, ein großer, ein alter, ein junger, Rüde oder Hündin? Bewege ich mich gerne und oft oder bin ich eher ein gemütlicher Lieberzuhausebleiber? Möchte ich einen Rassehund oder einen Mischling? Vom Züchter, aus dem Tierheim oder von einer Tierhilfsorganisation? Ein Hund ist ein Rudeltier und ich muss das Alphatier sein. Bin ich dazu in der Lage? Was mache ich mit ihm, wenn ich ins Büro muss, krank werde, auf Geschäftsreise gehe oder in Urlaub fahre?

# Wer kauft schon die Katze im Sack

## Welche Vorteile bietet ein Hund vom Züchter?

Es gibt verschiedene Möglichkeiten, „auf den Hund" zu kommen. Im Tierheim sitzen zuhauf Hunde jeder Rasse, jeden Alters und jeder Mischung, es gibt deutsche und ausländische Tierschutzvereine und -initiativen, die Hunde vermitteln. Hunde können ererbt werden, sie werden in einem Urlaub adoptiert und mit nach Hause gebracht, der Nachbar-

Ein Haufen Dobermänner

hund hat geworfen – die Möglichkeiten sind zahllos. Oder aber man holt sich einen Hund von einem Züchter.

Warum kann es von Vorteil sein, nicht eine der vorgenannten Möglichkeiten in Erwägung zu ziehen, sondern zu einem Züchter zu gehen? Nun, zum einen, wenn Sie sich einen bestimmten Rassehund in den Kopf gesetzt haben, der eventuell in dem Alter, in dem Sie Ihren Hund möchten, gerade nicht im Tierheim auf sie wartet. Zum anderen hat ein Züchter, der sich an die strengen Richtlinien seines Zuchtverbandes und damit denen des VDHs hält, in der Regel alles dafür getan, dass der Hund im Wesen, der Gesundheit und der Optik dem Rassestandard entspricht. Er wird gute, gesunde Elterntiere ausgewählt haben, um ebensolche Welpen zu züchten. Je nach Rasse sind Gesundheitstests und Rasseprüfungen der Elterntiere Pflicht. Die Tiere haben einen Generationen zurück reichenden Stammbaum, alles ist genauestens dokumentiert. Natürlich kann kein Züchter garantieren, dass die Welpen hundertprozentig gesund sind, doch die Chance ist recht hoch. Schließlich hat der Züchter einen Namen zu verlieren und möchte in der Regel weiterhin züchten.

## Woran man seriöse Züchter erkennt

Einen seriösen Züchter können Sie unter anderem daran erkennen:

- er züchtet in einem dem VDH angeschlossenen Zuchtverein
- er kann Ihnen einen langen Stammbaum und die Papiere der Elterntiere zeigen
- er wird Ihnen das Muttertier zeigen und Ihnen Gelegenheit geben, mehrfach während der ersten Lebenswochen Ihr neues Familienmitglied besuchen zu dürfen
- er wird interessiert daran sein, wo und wie sein Welpe sein zukünftiges Leben verbringen wird

- er übergibt Ihnen den Welpen gechippt, vom Tierarzt duchgecheckt, mit den Grundimpfungen (inkl. Impfpass) und entwurmt; Sie erfahren, wann, wie und mit welchem Mittel er entwurmt wurde;
- auch nach dem Kauf wird er Ihnen gerne Hilfe leisten, sollte es Probleme geben

### Mehr Infos

Die beste Adresse über Zuchtstandards und die Hundezucht in Deutschland ist der Dachverband des deutschen Hundewesens VDH

www.vdh.de

# Hinter Gittern!

## Das Tierheim des Tierschutzvereines Frankfurt und Umgebung von 1814 e. V.

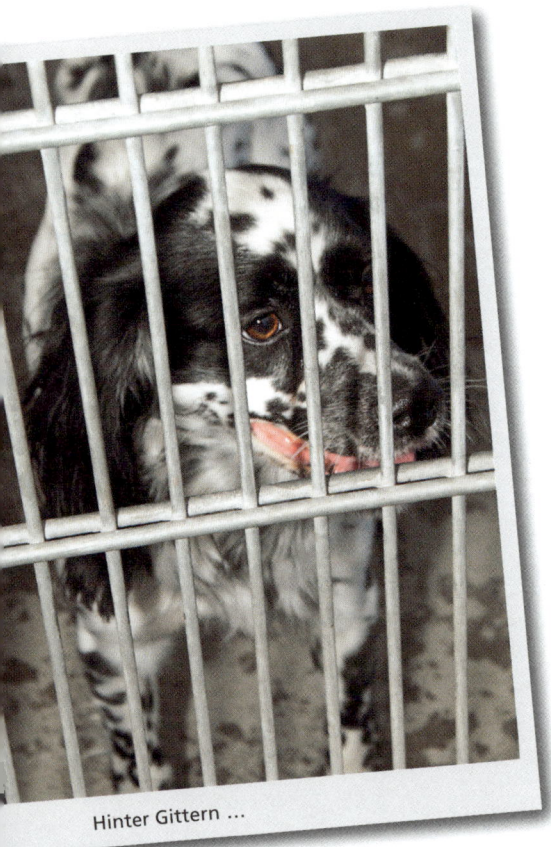

Hinter Gittern ...

Das Frankfurter Tierheim ist im Bundesvergleich eher klein aber nicht überfüllt. Der Betreiber dieses Tierheims, der Tierschutzverein Frankfurt und Umgebung von 1841 e.V., trägt sich weitgehend aus Spendengeldern. Für Fundtiere, die Polizei, Feuerwehr oder das Ordnungsamt abliefern oder solche, die vom städtischen Veterinäramt wegen Tierquälerei oder Haltervergehen in Verwahrung genommen werden, bekommt das Tierheim allerdings eine Kopfpauschale (jedoch nur für 21 Tage) von der Stadt Frankfurt. Die Tiere erhalten im Tierheim eine Versorgung durch eine angestellte Tierärztin und natürlich Betreuung und Vermittlung.

Der Tierschutzverein gegründet 1814, ist einer der ersten Vereine in Deutschland, die sich dem Tierwohl widmen. Das erste Tierheim Frankfurt wurde im Jahre 1912 erbaut, ermöglicht durch zahlreiche Spenden von Tierfreunden und einem Darlehen der Stadt. Leider wurde das Tierheim im Krieg zerstört. Erst 1978 gelang es dem Tierschutzverein ein neues Tierheim zu bauen, ermöglicht durch das Erbe eines Frankfurter Arztes. Auf diesem großen Areal befindet es sich noch heute, die Stadt Frankfurt hat es für 75 Jahre in Erbpacht zur Verfügung gestellt. Zudem betreibt der Verein einen Gnadenhof in Florstadt und den Frankfurter Tierfriedhof. Das Tierheim Frankfurt beherbergt zahlreiche Tiere, die hier sehnsüchtig darauf warten, von einem neuen liebevollen Besitzer abgeholt zu werden. Bis es soweit ist, kümmert sich angestelltes Personal tagtäglich professi-

Laufgehege mit Sandkästen

onell um die Tiere. Damit die Tiere immer gut versorgt und auch artgerecht untergebracht werden können, ist das Tierheim auf Spenden aller Art angewiesen, denn Tierschutz ist teuer. Für Interessenten bietet das Tierheim viele Möglichkeiten der Annäherung zwischen Hund und neuem Halter. Auf dem Gelände des Tierheimes gibt es den Kontakthof, wo Hund und Interessent in Ruhe aufeinander zugehen und sich kennenlernen können.

## Erst mal spazieren gehen

Viele Interessenten gehen erst einmal mit den Hunden spazieren und bauen so behutsam eine Bindung mit dem Tier auf, bevor sie es zu sich nehmen. Niemand wird Sie zu einer Entscheidung drängen, im Gegen-

teil. Wer eine Beziehung mit einem Hund eingeht, der sollte sorgfältig prüfen und die Entscheidung reifen lassen, für sich und auch für den Hund.

## Zweiklassengesellschaft

Durch die Kampfhundeverordnung hat sich im Tierheim in den letzten Jahren eine Zweiklassengesellschaft herausgebildet. Einerseits gibt es die „normalen" Hunde, andererseits die sogenannten Listenhunde, die in Hessen aus den Rassen und Mischlingen dieser Rassen bestehen. Die Tiere, die unter diese Verordnung fallen, sind in einem eigenen Zwingerareal untergebracht, da sie nur von Personal betreut werden dürfen, das die notwendige Sachkundeprüfung abgelegt hat. Dem Besucher fällt sofort ein

eklatanter Unterschied zwischen den Arealen auf: Bei den Listenhunden ist es ruhig. Die Tiere verhalten sich neugierig und aufmerksam, zeigen dabei eine für diese Rassen typische Gelassenheit.

Acht Jahre Einzelhaft wegen politischer Willkür ... er hat nichts verbrochen, außer mit den "falschen" Genen geboren zu sein ...

Im Areal der anderen Hunde hingegen geht es mitunter zu wie im Tollhaus. Da wird gebellt und gekläfft, manche Insassen weisen neurotische Störungen auf – springen gegen die Gitter, jagen ihren Schwanz oder zeigen ähnliche Stresssymptome. Wieder andere hingegen zeigen sich eher lustlos und desinteressiert am Geschehen. Auch in ihrer Historie unterscheiden sich die Gruppen. Ein großer Teil der Listenhunde wurde von Amts wegen von ihren liebevollen Besitzern getrennt. Sie sind als Folge der Hundeverordnung Insassen des Tierheimes geworden, weil deren Halter die Auflagen nicht erfüllen oder die Hundesteuer nicht mehr aufbringen konnten. Die wenigsten Hunde hier sind als gefährlich auffällig geworden. Ihre Verweildauer im Heim ist üblicherweise recht lang, denn die Aufla-

gen, um diese Tiere zu halten, erfüllen nur wenige Halter und auch die Hundesteuer für Listenhunde ist in Frankfurt zehn Mal so hoch als jene für die "normalo"-Hunde. Von Seiten des Tierheims ist man sich einig, dass die Hundeverordnung kaum mehr Sicherheit für die Menschen, wohl aber einen erheblichen Rückschlag für den Tierschutz gebracht hat.

## Hundesteuer in Frankfurt

Die Steuer beträgt für den ersten Hund 90 Euro, für jeden weiteren Hund 180 Euro. Für Listenhunde beträgt die Steuer 900 Euro. (Stand 2013)

## Interview mit der Leiterin des Tierheimes, Sabine Stärkel

*Wie lange bleiben Hunde hier im Tierheim?*

Die Hunde bleiben unterschiedlich lange. Einer wurde gerade eben innerhalb zweier Tage vermittelt, der am längsten Einsitzende ist schon über acht Jahre hier.

*Werden sie irgendwann "aussortiert"?*

Nein, es gibt keine Ausselektion. Die Hunde dürfen unabhängig von Alter oder Schwierigkeitsgrad solange bleiben, bis sie entweder vermittelt werden oder sterben. Alter, Gebrechlichkeit ist kein Faktor.

*Was ist bei Kapazitätsauslastung? Wohin dann? Andere Tierheime?*

Wir sind mit ca. 120 Hunden voll. Bei 180 ist absolut Schluss, dann geht's dann schon in die Büros oder die Zwinger werden doppelt belegt. Fundhunde müssen immer genommen werden, andere werden bei absoluter Kapazitätsauslastung abgewiesen. Es gibt Kooperationen mit anderen Tierheimen, zum Beispiel werden Listenhunde mit Bayern ausgetauscht, denn dort haben sie offenbar überhaupt keine Chance, jemals wieder ein Heim zu finden. Hier sind die Chancen ein bisschen besser.

*Welche werden besonders gerne geholt und welche nicht?*

Die Schwarzen, die Großen und die Schäferhunde haben es schwer. Noch schwerer haben es die Listenhunde. Allerdings scheinen sich deren Chancen langsam zu verbessern, da sich die Medien an reißerischen Kampagnen inzwischen abgearbeitet haben und sich im Zuge der Diskussion über die Liste auch herumgesprochen hat, dass diese Hunde besonders wesensfest sind. Die meisten Listenhunde stammen nicht aus dem „Milieu" und sind charakterlich stabil. Sie werden eingeliefert weil die Halter die Auflagen (Kosten und Sachkundenachweis) nicht erfüllen konnten. Besonders gerne werden natürlich kleine Hunde und Welpen abgeholt.

*Was ist mit Weihnachten? Werden Hunde als Kindergeschenk rausgegeben?*

Um Weihnachten herum wird besonders darauf geachtet, wer einen Hund bekommt. Weihnachtsgeschenke für Kinder gibt es nicht! Das lehnen wir ab und empfehlen den Eltern es erst mal mit einer Gassibetreuung zu versuchen.

Mareike Bergmann (Tierpflegerin) mit zwei ihrer Schützlinge im sog. Kontakthof

*Gibt es Hundeausführer? Wie viele? Was, wenn da was passiert?*

Es gibt etliche freiwillige Gassigeher, die strenge Regeln zu befolgen haben. Ein Verstoß (z. B. Hund von der Leine lassen) – und sie müssen aus Sicherheitsgründen gehen. Ansonsten gehen die Angestellten und Pfleger mit den Hunden spazieren, die jedoch jeden Tag innerhalb des Tierheimes in eigenen Gehegen Auslauf bekommen. Die Laufgehege sind inzwischen begrünt, haben Wasserbecken und Sonnen- und Regenschutzdächer.

*Werden viele vermisste Hunde wiedergefunden?*

Die Quote ist ganz gut. Letzte Woche wurden sechs Hunde aufgegriffen, nach zwei Tagen waren vier wieder zu Hause

*Wenn Tiere schweren Verletzungen eingeliefert werden, überwiegt da der Wirtschaftsfaktor?*

Nein. Jedes Tier wird von der hauseigenen angestellten Tierärztin versorgt. Da entstehen keine zusätzlichen Kosten für uns.

*Wie werden die neuen Besitzer ausgewählt?*

Nach Menschenkenntnis! Wir unterhalten uns sehr intensiv mit den Interessenten. Fragen nach Lebensumständen, Haltebedingungen, Erfahrung mit Hunden und dem Motiv für die Anschaffung etc...

*Gibt es Kontrollen? Angekündigt? Unangekündigt?*

Ja, es gibt Kontrollen. Wenn der Hund nicht artgerecht untergebracht wird, wird er auch wieder mit ins Tierheim genommen. Es gibt eine 14-tägige Probefrist, die im Überlassungsvertrag festgeschrieben ist. In dieser Zeit haben wir noch Zugriffsrecht auf das Tier.

*Wie viele Hunde werden pro Jahr vermittelt? Hat sich das Verhalten im Laufe der letzten Jahre geändert? Im Sinne von weniger Tiere ausgesetzt und mehr vermittelt?*

Im Jahr vermittelt das Tierheim zwischen 300 und 500 Hunde. Das Aussetzverhalten hat sich leider nicht geändert, die Sommerferien 2012 waren sogar besonders schlimm.

*Wie überlebt ein Tierheim?*

Unterstützung erhält das Heim lediglich für Fundhunde und dann auch nur für die ersten drei Wochen. Danach hat

das Tierheim für die Kosten aufzukommen. Diese Kosten, sowie alle anderen, finanzieren sich ausschließlich aus Spenden. Es gibt etliche Angestellte und auch 400-Eurokräfte. Freiwillige sind vor allem Gassigänger.

# Ronny - gerettet aus der Einzelhaft

## Erfahrungsbericht über eine Tierheimhund-adoption

Seit November 2012 lebt Ronny nun bei Familie Wolf in Frankfurt. Er ist ein Mischling aus Windhund, Schäferhund, Pointer und noch etwas geheimnisvollem Unbekannten. Zwei seiner drei Jahre hat er im Fechenheimer Tierheim verbracht. Eingeliefert wurde er vermutlich aufgrund eines Hüftproblems (der Schäferhundanteil lässt grüßen), weswegen er schon zweimal im Tierheim operiert wurde.

Nachdem sich Familie Wolf entschieden hatte, wieder einen Hund aufzunehmen, stellte sich die Frage gar nicht, ob sie zu einem Züchter gehen sollten. „Im Tierheim sind so viele Tiere, die auf einen warten", sagt Frau Wolf. Im Fechenheimer Tierheim wurden sie fündig. Dank sehr netter Pfleger, die mit ihnen die Zwinger abliefen und zu den einzelnen Hunden Erklärungen abgaben, sie nicht zeitlich drängten und ihnen vor allem auch keinen Hund aufdrängten. Sie fanden Ronny – den einen Hund, der nicht fordernd und bellend an den Gittern hochsprang, sondern sich ängstlich in seiner Hütte verkroch, die

Auch er hofft auf ein glückliches Zuhause

Hoffnung aufgegeben hatte. Den Großteil seines Lebens saß er bereits hier in diesem Zwinger. Alleine. Einsam. Zweimal in der Woche hatte er jemanden, der mit ihm Gassi ging und mit ihm schmuste und auch die Pfleger streichelten ihn, wenn sie Zeit hatte. Doch was ist zweimal in der Woche, wenn ein Hund doch mehrmals täglich spazieren gehen möchte und auch sollte. Was ist ab und an

Der Hund als „Ware" – katastrophale Lebensbedingungen auf einer der vielen „Hundefarms"

einmal kuscheln, wenn ein Hund – wie Ronny – am liebsten den ganzen Tag schmusen möchte. Nachdem Herr und Frau Wolf vor seinem Zwinger standen und mit ihm redeten, traute er sich ans Gitter und ließ sich beschmusen. Ein Blick in die hoffnungslosen traurigen Augen und es war um die Familie geschehen. In Begleitung des Pflegers liefen sie eine Runde spazieren, telefonierten mit dem Gassigeher, der sagte, er wäre so froh, wenn sie ihm ein Zuhause geben würden. Schließlich

nahmen sie Ronny mit nach Hause für die 14-tägige Probezeit, aus der ein Daueraufenthalt geworden ist. Gleich am nächsten Tag rief das Tierheim an und fragte, wie denn die Nacht war und ob es allen gut gehe. Und auch der frühere Gassigänger rief an und fragte, ob er Ronny einmal besuchen könne. Den Menschen im Fechenheimer Tierheim liegt etwas an ihren Tieren, sie haben einfach nur zu wenig Zeit, um sich individuell um jeden einzelnen Hund kümmern zu können.

## Langsam wurde er eigenständiger

Anfangs betrachtete Ronny jeden Baum, jeden Busch mit Skepsis, wich nicht von Familie Wolfs Seite. Mittlerweile ist er eigenständiger geworden, traut sich ein bisschen mehr. Die Warnung, dass er nicht stubenrein sei, hat sich nicht bewahrheitet. Im Tierheim hatte er nicht die Wahl, aufs Spazierengehen zu warten, doch nun, bei mehreren langen Gassigängen am Tag ist das kein Problem mehr. Ronny musste sich erst daran gewöhnen, mehrfach und auch längere Spaziergänge am Tag zu machen, seine Hüfte war ein bisschen instabil. Doch nun, nach einem Dreivierteljahr, kommt er gut mit, rennt, spielt und springt umher. Warum Familie Wolf nicht zu einem Züchter ging? „Weil man aus dem Tierheim jemanden rausholt, der es nötiger hat. Ronny ist so lieb und so froh, dass er bei uns ist. Es hat sich gelohnt. Und ich würde ihn um nichts in der Welt wieder hergeben!"

# BVZ HUNDETRAINER
## Berufsverband zertifizierter Hundetrainer e.V.

**BVZ-Hundetrainer – der Verband zertifizierter Hundetrainer**

Wir kommen aus vielen Richtungen, haben aber ein gemeinsames Ziel: Hunden und ihren Menschen mit unserem fundierten Wissen engagiert und Ziel führend zur Seite zu stehen.

### Wer wir sind
Bei uns ist jeder willkommen – solange er/sie die fachliche Kompetenz vor einer der beiden Prüfungskommissionen der Tierärztekammern Schleswig-Holstein oder Niedersachsen erfolgreich nachgewiesen hat. Diese Prüfung ist an keinen Verband und an keine Methode, an keine Meinung und an keine Mode gebunden, sondern besteht einzig und allein auf den Nachweis umfangreichen theoretischen und praktischen Wissens rund um den Hund.

### Was wir wollen
Unser Ziel ist es, das Berufsbild des Hundetrainers zu etablieren und dabei sicherzustellen, dass Menschen in diesem anspruchsvollen Beruf die dafür notwendigen fachlichen Voraussetzungen mitbringen.

### Wie wir arbeiten
Wir arbeiten fachlich kompetent und zielorientiert. Wir beraten und trainieren individuell – angepasst an den Hund, an den Halter, an das Problem.

**FACHLICH KOMPETENT      UNABHÄNGIG      ZIELORIENTIERT      BUNDESWEIT**

www.bvz-hundetrainer.de

# Die Sache mit den Hunden in Süd-Osteuropa

## Der Tierschutzverein Bruno Pet e. V. rettet rumänische Straßenhunde

Am Anfang waren es berufliche Stopps von Karina Handwerker in der rumänischen Provinz, genauer in der 40.000-Seelen-Stadt Miercurea Ciuc, einer Stadt im östlichen Teil der Region Siebenbürgen, mitten im Ciuc-Becken zwischen dem vulkanischen Harghita-Gebirge und dem Ciuc-Gebirge. Zwar ist das nach hiesiger Meinung ziemlich „jwd" und klingt nach einem unberührten, friedlichen Landstrich, aber dort gibt es – wie überall in Rumänien – ein großes Problem mit Straßenhunden. Die rumänische Stiftung „Fundatia Pro Animalia" errichtete dort 2001 zwar ein Tierheim, aber die Auffangstation der Fundatia leidet - wie die meisten „Tierheime" Rumäniens - an extremer Überfüllung, finanzieller Not und einem Mangel an Personal. Tierschutz ist nach europäischen Maßstäben eine heikle Angelegenheit.

Karina Handwerker hatte damals, kurz nach der Jahrtausendwende, von diesen Problemen erfahren. Die Essenerin packte selbst mit an. Zwei Mal transportierte sie privat Hunde aus dem Tierheim nach Deutschland. Das war die Initialzündung, um sich dem Verein Freundeskreis Bruno Pet e. V. anzuschließen. Sie ist heute ein aktives Vorstandsmitglied des Vereins Freundeskreis Bruno Pet e.V. und hat selbst 2 Hunde aus dem Tierheim in Miercurea Ciuc, die sie nicht mehr missen will. Der Verein ist ein Beispiel dafür, wie Tierschutzinteressierte zu Aktiven werden können und wie im Kleinen große Hilfen gegeben werden können. Der Verein sammelt Spenden, unterstützt das rumänische Tierheim, finanziert vor Ort Mitarbeiter des Tierheims, die sich vor allem um den Aufbau von sinnvollen Strukturen kümmern. Sinnvolle Strukturen aufbauen, so Karina Handwerker, heißt: die Tierarztpraxis des Tierheims bei Kastrationen wie auch Kastrationsaktionen des Tierärztepools (www.tieraerzte-pool.de) zu unterstützen. Das ändert die Lage nicht sofort, ist aber auf eine strukturelle Veränderung angelegt: Wenn sich die Tiere nicht mehr frei vermehren, wird irgendwann die Zahl der Straßenhunde abnehmen und die Notsituation des überfüllten Tierheims aufhören. Durch den Freundeskreis Bruno Pet e.V. werden aber auch Trockenfutter, Impfungen und Medikamente sowie das Markieren der Hunde finanziert.

Neuestes Projekt ist eine eigene Welpenstation, für die der Verein eine Mitarbeiterin finanziert. Die kümmert sich den ganzen Tag um die kleinsten Fellnasen, knuddelt sie auch mal und achtet auf die Ernährung. Mehr Welpen überleben seitdem, was gut ist – gleichzeitig aber auch den Druck vor Ort erhöht. Die Vermittlung der Tiere im In- und Ausland und die Aufklärung über Kastrationsaktionen, auch und vor allem für Hunde in privaten Haushalten in Mircuea

Straßenhunde werden in Rumänien systematisch getötet.

Ciuc, spielt deshalb eine ganz wichtige Rolle. Nur dadurch kann das überfüllte Tierheim dauerhaft entlastet werden.

Die Arbeit des Vereins findet derzeit vor einem dramatischem Hintergrund statt. Seit einiger Zeit herrscht in Rumänien ein kalter Wind im Tierschutz. Straßenhunde werden, aus verschiedenen Anlässen heraus, immer systematischer und grausamer getötet. Für den Tierschutz einzustehen ist da nicht ganz einfach. Eine Hilfsmaßnahme sind die Vermittlungen – auch nach Deutschland. Aber auch hier schlagen sich die Aktiven von Bruno Pet mit Querelen. Wer Tiere, auch Haustiere, in Europa transportieren will, braucht Unmengen an Papieren, das Okay der Veterinärärzte, muss Nachweise erbringen etc. Tierschutz in Europa wird hier zum Hürdenlauf und findet vor kulturell unterschiedlichen Hintergründen statt.

Doch Karina Handwerker und ihre Mitstreiterinnen sind sich einig, dass das Engagement lohnt. Viele hundert Tiere werden durch ihre Unterstützung jährlich

kastriert, das Tierheim in „ihrem" Ort hebt sich weit ab von den normalen rumänischen Tierheimen. Karina Handwerker meint: „Tierschutzarbeit in Europa sollte, wie jede andere Arbeit auch, daran gemessen werden, wie wirkungsvoll der geleistete Einsatz ist und wenn wir Europa als eine Gemeinschaft verstehen, dann sollte auch Hilfe und Unterstützung für diejenigen dazugehören, die sich am wenigsten wehren können und als bester Freund des Menschen unsere Hilfe mehr als verdient haben."

**Freundeskreis Bruno Pet e. V.**

Hessenring 20
64832 Babenhausen
Web: www.freundeskreis-bp.de
Spendenkonto
Freundeskreis Bruno-Pet
Sparkasse Merzig-Wadern
BLZ: 59351040
Konto: 7105208

freundeskreis
**brunopet**

# Wie der spanische Straßenköter Stöpsel nach Frankfurt kam
## Tierrettung aus dem Ausland via Internet

Hunde übers Internet? Zahlreiche Tierschutzvereine im In- und Ausland zeigen auf ihren Websites Bilder von Tieren in Not, die ein neues Zuhause suchen. Auch Nadine fand ihre Stöpsel bei www.Hundeinnot-RheinMain.de. Das ist ein kleiner Tierschutzverein, der Tierschutz im In- und Ausland miteinander verbindet und unterstützt. Mit Hilfe vor Ort lebender befreundeter Tierschützer holen sie Hunde aus Tötungsstationen oder schlechten Verhältnissen aus Spanien und Griechenland und suchen hier ein neues Zuhause. Hierfür werden laufend Flugpaten und Pflegestellen benötigt. Um dieses Problem einzudämmen, unterstützt der Verein in beiden Ländern auch Kastrationsprojekte und leistet Aufklärungs- und Präventionsarbeit.

Zu der Zeit, als Nadin sich entschied, einen Hund aus dem Tierschutz zu sich zu nehmen, befand sich die fünf Monate alte Hündin noch in Spanien in einem Tierheim. Nadin schaute sich auf der Website des Vereins die Fotos an, blieb bei Stöpsel hängen, und es war um sie geschehen. Liebe auf den ersten Blick! Stöpsel war bei einer Familie aufgewachsen, die auf der Straße lebt und die ihn schließlich bei dem Tierschutzverein abgegeben hatte. Nadin bewarb sich um Stöpsel und bekam den Zuschlag. Eine Mitarbeiterin des Tierschutzvereins kam vorab vorbei und schaute sich die Wohnung an, in der Stöpsel zukünftig leben sollte. Auch musste Nadin einen umfassenden Fragebo-

gen ausfüllen und unter anderem nachweisen, dass der Vermieter mit der Hundehaltung einverstanden war. Über Land wurde Stöpsel schließlich mit einigen anderen Hunden per Transporter nach Deutschland gebracht. An einem besprochenen Ort konnte sie den jungen Hund abholen.

### Überraschungen inklusive

„Ich war dann doch ein bisschen erstaunt über ihre Größe", erzählt Nadin und krault ihrem Minihund hinter den Ohren. „Auf dem Bild sah sie aus wie ein richtig großer Hund."

Das ist der Nachteil dabei – dass man den Hund nicht live besichtigen kann, sondern ausschließlich per Bild und Beschreibung entscheiden muss. Aus diesem Grund wird in der Regel auch eine Probezeit vereinbart, in der sich entscheidet, ob Hund und Mensch zusammenpassen.

### Tierschutzverein „Hunde in Not Rhein-Main e.V."

Schönborstraße 7
61118 Bad Vilbel
Tel.: 06073-50 90 117
Mail: info@hundeinnot-rheinmain.de

# Großes Leid für kleines Geld!

## Warum niemand Welpen aus der Tiervermehrung kaufen sollte

Das Schicksal der meisten jungen Hunde, die für wenige Euro über das Internet verscherbelt werden, ist schon besiegelt. Viele leiden bereits beim Kauf an lebensbedrohlichen Krankheiten wie Parvovirose (hoch ansteckende und akut verlaufende Infektionskrankheit) oder Staupe (Viruserkrankung). Die Ursache sind miserable Haltungs- und Zuchtbedingungen, nicht erfolgte Impfungen und fehlende medizinische Behandlungen. Der Tod ist bei den Massenzüchtern ein kalkuliertes Risiko. Schließlich sind die Welpen nichts weiter als eine Ware im millionenschweren Business des organisierten illegalen Tierhandels. „Das wahre Ausmaß des Welpenhandels ist nur sehr schwer einzuschätzen", erklärt Ursula Bauer vom Verein „aktion tier – menschen für tiere".

### Organisierte Händlerringe

Seit der Öffnung der Grenzen ist es für viele osteuropäische Händler noch leichter geworden, die Ware Welpe über die Landesgrenzen hinaus zu verkaufen. Illegale Welpenzucht gibt es zwar auch in Deutschland – der Großteil der gehandelten Hundebabys kommt jedoch aus Osteuropa (u.a. Polen, Ungarn, Rumänien und Tschechien).

Hinter Anzeigen wie „Süße Hundewelpen suchen ein Zuhause" stecken oftmals organisierte Händlerringe, die in Massen gezüchtete Hundewelpen zu Spottpreisen anpreisen – teilweise unter 100 Euro. Viele der ominösen Händler bieten an, die Welpen sogar bis vor die Haustür zu fahren. Auch Übergaben an nahegelegenen Autobahnraststätten oder Bushaltestellen sind keine Seltenheit. Das ist kein Service – die neuen Hundehalter sollen nur nicht zu Gesicht bekommen, unter welchen Umständen ihr neues Familienmitglied bisher gehalten wurde. Bevor die Hundebabys verkauft werden, fristen sie unter katastrophalen hygienischen Bedingungen in überfüllten Käfigen, Zwingern und Pappkartons ein kümmerliches Dasein. Die meisten Welpen werden kurz nach ihrer Geburt von der Mutter getrennt. Für die Hundewelpen bedeutet das ein brutales Eingreifen in ihr frühes Entwicklungsstadium. Die fehlende Sozialisierung durch Mutter und Geschwisterhunde kann zu späteren Verhaltensauffälligkeiten – z. B. aggressives Verhalten – führen. Aus gesundheitlicher Sicht ist eine zu frühe Trennung von der Mutter ebenso fatal. Hundebabys brauchen in den ersten Lebenswochen die lebensnotwendigen Antikörper in der Milch ihrer Mutter. Fällt die-

Welpenhandel auf einem rumänischen Markt

ser natürliche Schutz weg, können sich Parasiten und Viren ungehindert vermehren. Ebenso wichtig wie die Muttermilch ist die anschließende Grundimmunisierung durch Impfungen zwischen der sechsten und zehnten Lebenswoche.

## Hohe Gewinnspannen

Um die Gewinnspanne hoch zu halten, verzichten die Züchter auf die teuren Behandlungen. Werden die Hunde schließlich verkauft, steht ihnen aufgrund des grenzenlosen Handels ein qualvoll langer Weg zu ihren neuen Besitzern bevor. Um Kosten zu sparen, verschleppen Händler und Zwischenhändler die Tiere meist in Massentransporten in ihre neue Heimat. Selbst wenn die Hundebabys in die Obhut einer zahlungskräftigen Familie kommen, ist es in den meisten Fällen schon zu spät. Auch Tierärzte können die Welpen nur selten vor

dem Tod bewahren. Der Verein „aktion tier – menschen für tiere" geht davon aus, dass über die Hälfte aller illegal gehandelten Hundewelpen innerhalb der ersten Monate sterben. Dazu kommt, dass die horrenden Tierarztkosten fast immer von den neuen Besitzern getragen werden müssen.

Den Betrug nachzuweisen, ist schwierig. Ein Kaufvertrag zwischen Händler und Hundebesitzer existiert in der Regel nicht. Die Gewinne der skrupellosen Welpenzüchter und -händler liegen im Millionenbereich. Um dem Elend der Hunde und den mafiösen Strukturen in Europa ein Ende zu bereiten, fordern Tierschutzorganisationen eine europaweite Kennzeichnung und Registrierung von Hunden. Ein Erfolg ist fraglich, denn korrupte Tierärzte sorgen dafür, dass gefälschte Nachweise (Impfausweise, Mikrochips, etc.) im Welpenhandel keine Seltenheit sind.

# Woran man Wühltischwelpen erkennt

### Dürfen Sie das Muttertier sehen?

Handelt es sich um einen seriösen Händler, dürfen Sie das Muttertier im Umgang mit ihren Welpen sehen. Beobachten Sie, wie sie mit ihrem Welpen umgeht. Darf es trinken? Ist sie liebevoll? Oder lehnt sie es ab, verstößt sie es, wendet sie sich ab und macht eher den Eindruck, als würde es sich gar nicht um ihr eigenes Baby handeln? Dann könnte es sich um eine Alibi-Hündin handeln. Vorsicht!

### Der Preis

Erkundigen Sie sich beim Verband für das Deutsche Hundewesen (www.vdh.de) über die Preise von Rassehunden anerkannter Züchter. Liegt der Welpe deutlich darunter, ist es kein Schnäppchen, sondern unseriös! Die Hundemafia lügt Ihnen oft das Blaue vom Himmel vor über die Rasse der angebotenen Hunde. Ob nun Rassehund oder Mischling, die artgerechte Betreuung, das Futter und die erforderlichen Impfungen und tierärztlichen Untersuchungen der Welpen belaufen sich für den Besitzer des Wurfes auf einige hundert Euro je Welpe.

### Wo können Sie den Hund kaufen?

Dürfen Sie zum Züchter nach Hause gehen (auch mehrfach) und schauen, wie die Hunde gehalten werden und sich entwickeln? Wie der Welpe seine ersten Lebenswochen verbringt? Oder verkauft der "Züchter" aus welchen Gründen auch immer auf einem Parkplatz aus dem Kofferraum oder auf einem Markt aus einem Pappkarton oder Drahtkäfig heraus? Hände weg! Ebenso von Welpen aus dem Internet, die Sie nicht zu Hause besuchen dürfen.

### Stellt der Verkäufer Fragen?

Ein seriöser Züchter möchte wissen, in welches Umfeld sein Welpe kommt, wie er aufwachsen wird, was der Käufer mit ihm vorhat, ob er züchten will usw. Werden keine Fragen gestellt, ist ihm der Welpe vollkommen egal, dann geht es nur ums Geldverdienen. Ein weiteres Indiz für unseriösen Welpenhandel.

### Erhalten Sie Papiere, Impfpass, Kaufvertrag?

Wenn Sie einen Kaufvertrag bekommen, enthält er Namen, Adresse und eine Haftung des Verkäufers? Ist der Kaufpreis genannt? Erhalten Sie einen Stammbaum? Papiere? Gibt es einen Impfpass? Den Nachweis einer Wurmkur? Ist der Hund tätowiert und/oder gechipt? All dies sind Mindestanforderungen an einen seriösen Verkäufer.

### Wie sehen die Welpen aus?

Betrachten Sie die Welpen genau. Ist der Bauch aufgebläht (ein Zeichen für Würmer)? Sind sie zu dünn? Sind sie apathisch oder aktiv? Wie sieht das Fell aus, dreckig und stumpf oder glänzend und sauber? Sind sie stumm oder fiepen die Kleinen?

## Das Angebot des Züchters

Hat der Züchter mehr als zwei Rassen im Angebot? Und mehr als vier Würfe im Jahr? Aufpassen! Das ist keine seriöse Zucht, sondern Ausnutzung der Muttertiere als Geburtsmaschinen. Das ist pure Welpenvermehrung.

## Alles Verhandlungssache

Lockt der Händler Sie mit Begriffen wie „Ratenzahlung, Rabatt, Lieferung frei Haus, Verhandlungssache", dann versucht er Sie, zum sofortigen Abschluss zu drängen. Er möchte nicht, dass Sie erneut wiederkommen, wenn Sie überhaupt bei ihm zu Hause waren. Ein seriöser Züchter verschleudert seine Welpen nicht und das dann auch noch möglichst schnell. Im Gegenteil, er möchte den zukünftigen Besitzer gerne näher in Augenschein nehmen. Trifft eines oder gar mehrere der obigen Merkmale zu, lassen Sie besser die Finger von dem Welpen. Lassen Sie sich nicht vom Mitleid blenden, nutzen Sie Ihren gesunden Menschenverstand! So leid es ihnen auch tut, die Kleinen mit den großen Augen im Pappkarton zurückzulassen … für jedes Tier, das Sie kaufen, werden fünf bis zehn weitere Tiere gequält und geopfert. Das ist Ihre Verantwortung als Käufer/Unterstützer dieses Verbrechens.

## Und prüfen Sie sich selbst!

Warum und wann kamen Sie zu dem Wunsch, sich einen Hund anschaffen zu wollen? Ein Hund wird sie einige Jahre Ihres Lebens begleiten, daher sollte die Entscheidung niemals spontan getroffen werden. Haben Sie die erforderliche Zeit für einen Hund? Verfügen Sie über die nötigen finanziellen Mittel für Futter, Ausbildung,

Mit Wühltischwelpen wird viel Geld gemacht - auf Kosten der Tiere, die oft keine Überlebenschance haben

Tierarztbesuche und Unterbringung, falls Sie mal keine Zeit haben? Gibt Sie in ihrem Umfeld Menschen, die Ihnen bei der Betreuung und Unterbringung mit dem Hund helfen können, falls Sie selbst einmal ausfallen (sei es z. B. wegen Urlaub oder Krankheit)? Haben Sie ihre Entscheidung mit Ihrer Familie und Ihrem Umfeld abgestimmt, manchmal trifft man dort auf unerwartete Hemmnisse (Tierhaarallergien, Hundephobien etc.).

### Links zum Thema „Wühltischwelpen"

www.augen-auf-beim-welpenkauf.de
www.das-leid-der-vermehrhunde.de
www.wuehltischwelpen.de

### aktion tier – menschen für tiere e. V.

Spiegelweg 7
14057 Berlin
Tel.: 030-30 11 16 20
Fax: 030-30 11 16 214
Mail: aktiontier@aktiontier.org
Web: www.aktiontier.org

# Jagdgefährten fürs Leben!

## Jagdhunde brauchen besondere Beschäftigung

Irgendwann entwickelt jeder eine Affinität zu bestimmten Hunderassen. Ebenso stellt sich irgendwann jedem Hundehalter die Frage „Engagiere ich mich im Tierschutz, ja oder nein?" Bei den Jagdgefährten e.V. kam beides zusammen: Die Gründer und Mitglieder des Vereins haben ihr Herz an die Jagdhunderassen verloren, sind Jäger, Züchter und ambitionierte Hundeführer, führen selbst einen oder mehrere Hunde und waren alle in unterschiedlichen Zusammenhängen im Tierschutz aktiv. 2011 entschlossen sie sich, die Jagdgefährten e.V. zu gründen und sich ausschließlich der art- und rassegerechten Vermittlung von Jagdhunden und deren Mischlingen zu widmen. Eine besondere Rolle spielte Leopold, eine Dachsbracke aus Ungarn.

Winter 2010 in einer Tötungsstation in Ungarn. Ein unwirklicher Ort, der jeden beschämen muss. Tötungsstationen gibt es fast in ganz Europa. Es gibt sie, weil Menschen ihre Hunde wegwerfen. In der Station ist es kalt. Auf blanken Betonböden stehen winzige Käfige, darin stehen, hocken, liegen, kauern Hunde. Alle Größen, Farben, Rassen, Mischlinge, alte Hunde mit grauen Gesichtern, ausgemergelte Junghunde. Viele Hunde sind krank. Es stinkt. Es ist laut.

Es verschlägt einem den Atem. Über hundert Hunde, deren Leben hier zu Ende ist, denn jeder Käfig trägt eine Nummer und ein Datum. Ab diesem Datum darf getötet werden!

In einer dunklen Ecke saß mit wachen, traurigen Augen eine Dachsbracke. Eine Tierschutzorganisation rettete den damals fünfjährigen Rüden, tauschte Nummer und Datum gegen einen Namen. Leopold kam nach Deutschland in eine Pflegestelle zu einem Jäger, der sich nur „einen netten Hund" wünschte. Dann absolvierte Leopold im neuen Zuhause seine erste Nachsuche und zeigte, wofür er geboren und offensichtlich einmal ausgebildet worden war, bevor ihn jemand im Stich ließ und sein Leben elend enden sollte. Leopold und sein Hundeführer sind dann schnell ein Team geworden, Jagdgefährten fürs Leben eben.

Auch die Geschichte von Tekla geht unter die Haut. Sie war 2012 in einer Tötungsstation. Über die Jagdgefährten e.V. wurde sie nach Deutschland gebracht. Wieder zu einem Jäger, der sich als Pflegestelle angeboten hatte. Auch hier übernahm Tekla das Ruder, überzeugte beim Reviergang durch hervorragende Nasenleistung. , Ihr „Pflegevater" wagte es im April 2013 sie zur Ver-

FAith

vorher

heute

vorher

Fast verhungert - heute glücklich und vermittelt

einssuche beim „1. Allg. Club für Bayrische Gebirgsschweißhunde BGS" anzumelden. Der Wettbewerb wurde in einem Niederwildrevier zwischen acht BGS ausgetragen. Tekla löste die anspruchsvolle Aufgabe mit Bravour und nahm als Suchensiegerin den BGS-Pokal mit nach Hause. Die Augen des Prüfungskomitees waren groß, als sie erfuhren, dass Tekla ein Hund aus der Tötung ist.

Doch Jagdgefährten e.V. vermittelt nicht nur an Jäger, sondern an alle Hundehalter, die willens sind, einem Jagdhund art- und rassegerechte Haltung und Beschäftigung zu geben. Das kann die Jagd sein, aber auch andere „nasenauslastenden Berufe" wie z.B. Dummytraining, Mantrailing oder Flächensuche bei der Rettungshun-

dearbeit. Und auch ein Jagdhund, der mit seinem Besitzer in der Stadt lebt doch täglich mit interessanten Aufgaben, wie z.B. Zughundesport oder Canicross, ausgelastet ist, kann ein glücklicher Jagdhund sein. (Ursula Weidmann)

## Jagdgefährten e. V.

Annoweg 2
58675 Hemer
Web: www.jagdgefaehrten.de
Mail: daniel@tierheimhelden.de
Spendenkonto
Jagdgefährten e. V.
Kontonummer 14056386
Sparkasse Lippstadt
BLZ 416 500 01

# Tierheimhelden!

## Ein Start-Up vernetzt die Tierheime und hilft bei der Vermittlung

Daniel Medding, einer der Gründer von www.tierheimhelden.de, ist sich sicher: Tiere aus Tierheimen sind alles andere als Vierbeiner 2. Klasse. Für ihn und seine Mitstreiter von www.tierheimhelden.de war klar, dass sie sich eine große Aufgabe vorgenommen hatten. Tiere aus dem Tierheim sollen erste Wahl für Tiersuchende werden. Deshalb vernetzt das soziale und gemeinnützige Projekt Tierheimhelden.de über seine Website bundesweit Tierheime und Tiersuchende und vereinfacht die Tiersuche damit erheblich. So ist die breitgefächerte Suche nach dem Wunschtier anhand detaillierter Eigenschaften genauso möglich wie der virtuelle Rundgang durch die digitalen Profile der Schützlinge in den Partnertierheimen. Tierheimhelden können außerdem durch direkte Spenden, Patenschaften oder einfach das Teilen der Tierprofile im sozialen Web helfen.

Die Tierheimhelden

## Tierheimhelden

Daniel Medding
Mobil: 0176/21140756
Mail: daniel@tierheimhelden.de
Web: www.tierheimhelden.de

Unterstützen Sie Tierheimhelden durch ein „Gefällt mir" auf der Facebookseite:
www.facebook.com/tierheimhelden

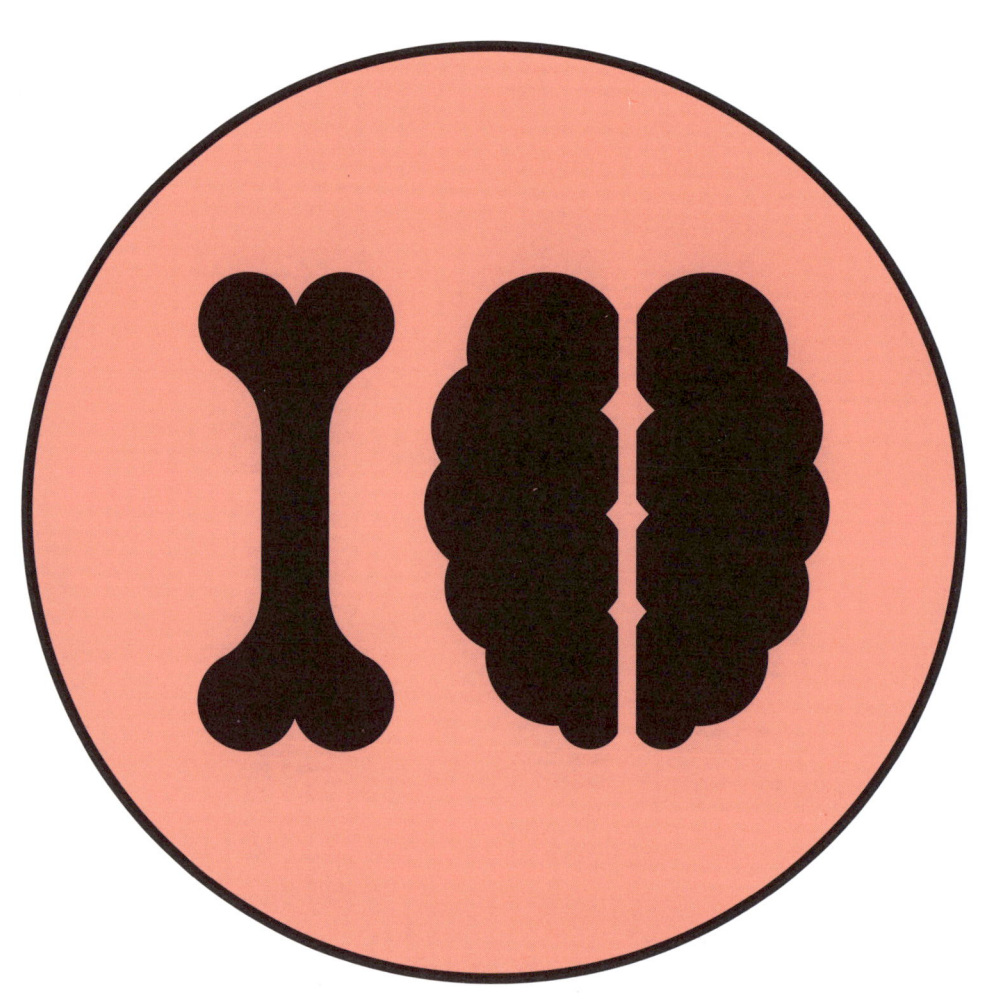

# Futter & Philosophie

Gesunde Ernährung ist für Hunde eine wichtige Grundlage für Wohlbefinden und Gesundheit. In jedem Lebensalter hat der Hund andere Bedürfnisse, auf die wir eingehen sollten. Welpen und junge Hunde, deren Knochen, Sehnen und Muskeln noch im Wachstum sind, benötigen eine andere Ernährung als ein Senior, der seine Tage am liebsten gemütlich in seinem Korb vor dem Ofen verbringt. Für das richtige Futter gibt es unzählige Theorien und Philosophien. Entscheiden Sie selbst …

# Der Hund ist, was er frisst!

## Interview mit der Hundeernährungsberaterin und -physiotherapeutin Judith Triebel

„Auf den Hund gekommen" ist Judith Triebel bereits in jungen Jahren, als ihr damaliger Familienhund Einzug hielt. Seitdem interessiert sie der Zusammenhang zwischen Futter und dessen Auswirkungen auf die Gesundheit eines Hundes. Sie absolvierte eine Ausbildung als Hundephysiotherapeutin sowie die Fortbildung zur Hundeernährungsberaterin. Ein Leben ohne Hund kann sie sich nicht mehr vorstellen.

*Der Hund ist, was er frisst?*

Genau so ist es! Als wesentliche Voraussetzung für das Wohlgefühl eines Hundes – genau wie beim Menschen auch – steht die passende und gesunde Ernährung.

*Also stehen Ernährung und Gesundheit in engem Verhältnis?*

Definitiv! Eine Hundeernährungsberatung ist deshalb nicht nur für Hundebesitzer kranker Tiere wichtig, sondern auch für diejenigen, die gesunde Hunde besitzen, um schon im Vorfeld Erkrankungen zu verhindern. Leider führt die Ernährungsberatung bei Hunden immer noch ein Schattendasein und wird häufig bei der physiotherapeutischen Behandlung ausgeklammert. Die Art der Ernährung dient nicht nur der Prävention, sondern hat auch großen Einfluss auf den Prozess der Genesung erkrankter Hunde.

*Können denn durch Fehlernährung Krankheiten entstehen?*

Allgemein treten ernährungsbedingte Krankheiten und Zivilisationskrankheiten bei Hunden jeder Rasse immer häufiger auf und das in immer jüngeren Jahren. Krebs, Allergien, Verdauungsstörungen, Hautprobleme, Nieren- und Lebererkrankungen, Immunschwäche, Wachstumsstörungen, Zahnstein, Übergewicht und vieles mehr können aus falscher oder nicht den Bedürfnissen des Tieres entsprechender Ernährung sowie mangelhafter Ernährung – also nicht Menge sondern Bestandteile des Futters – entstehen. Ich erstelle die Ernährungspläne individuell je nach Krankheitsbild und Bedarf des Hundes.

*Arbeiten Sie mit Tierärzten zusammen?*

Ich freue mich natürlich, wenn ich durch einen Tierarzt weiterempfohlen werde. Mundpropaganda ist mein bester Empfehlungsgeber. Sind die Menschen zufrieden mit mir und geht es ihrem Hund besser, empfehlen Sie mich weiter. Die Hundebesitzer bitten mich oft als Physiotherapeutin um Hilfe. Doch

häufig ist es so, dass der Hund Übergewicht hat was andere Symptome nach
sich zieht. Da kann ich z. B. eine Ar-
throse physiotherapeutisch behandeln,
so viel ich will – doch wenn der Hund
übergewichtig ist, wirkt das kontrapro-
duktiv und kann den Erfolg der Thera-
pie erschweren.

*Was halten Sie von den Inhaltsangaben
der Futterhersteller?*

Die Inhaltsangaben auf den Verpa-
ckungen sind oftmals verwirrend.
Viele Hundebesitzer sind nicht in der
Lage, die Zusammensetzung des Hun-
defutters aufgrund der Angaben auf
der Verpackung zu verstehen und zu
werten. Zudem lassen die gesetzli-
chen Auflagen zur Deklaration viele Möglichkeiten offen, unter anderem nur unvollständige oder auf
den ersten Blick irreführende Angaben über die Qualität und die
Zusammenstellung der notwendigen Nährstoffe des Hundes zu machen. Ist im Fertigfutter wirklich
alles drin, was das Tier braucht?
Wozu gibt es so viele Nahrungs-
ergänzungen? Braucht ein krankes
Tier Diät- oder Spezialfutter? Futter sollte Lebensmittelqualität haben und keine
chemischen Konservierungsstoffe oder
krank machende, belastende Nebenpro-
dukte enthalten!

*Was kann ein Hundebesitzer tun?*

Unsichere Hundebesitzer sollten bei einem qualifizierten Berater eine Ernährungsberatung für Hunde machen. Bei
der Beratung werden die Grundlagen
der natürlichen Hundeernährung, der

Judith Triebel im Doggyhouse

Verdauungsvorgang und verschiedene Fütterungsmöglichkeiten ausführlich
besprochen. Ich entschlüssle die Dekla-
rationen der Futtermitteletiketten und
erkläre die korrekte Berechnung der
Nahrungsmenge für alle Futtervarianten.
Es ist mir wichtig, dass der Hundebesitzer möglichst viele Informationen über
sein verwendetes Hundefutter erhält, um
sich gegebenenfalls für ein anderes bzw.
ein passendes Fütterungskonzept entscheiden zu können.

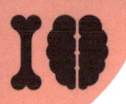

*Und wie helfen Sie den Hundebesitzern?*

Auf Wunsch erstelle ich individuelle Futterpläne für Hunde jeden Alters. Hierbei wird immer eine komplette IST-Aufnahme von mir durchgeführt und der Tierhalter muss lediglich einen Fragebogen beantworten. Ich orientiere mich an den vorgegebenen tiermedizinischen Empfehlungen aus der Forschung, die die Grenzwerte für den täglichen Bedarf an Nährstoffen, Vitaminen und Proteinen festlegen. Meine Beratung ist unabhängig und frei von jeglichen wirtschaftlichen Einflüssen nur zum Wohle und zur Gesundheit des Tieres.

## Judith Triebel

Tel.: 06181-96 97 810
Mobil: 0177-73 81 401
Mail: info@hund-und-munter.de
Web: www.hund-und-munter.de

# Schön blutig bitte!

## Frischfleisch vom Hundemetzger

Obwohl das Barfen erst seit einigen Jahren zum Trendthema wird, existieren in Frankfurt und Offenbach zwei Hundemetzgereien, die schon in zweiter Generation erfolgreich rohes Frischfleisch für Hunde anbieten.

Beide Betriebe haben vieles gemeinsam, vor allem, dass das Wohl Ihrer vierbeinigen und zweibeinigen Kunden im Vordergrund steht. Die Begeisterung und Freude, mit der die Inhaber ihre Geschäfte betreiben, ist sicher auch dem Umstand geschuldet, dass sie so viele begeisterte und treue Kunden haben. Viele Besitzer, deren Hunde unter Allergien, Magen- und Darmproblemen, Stoffwechselerkrankungen oder ähnlichem litten, fanden nach langen Odysseen zum Hundemetzger oder wurden von Tierärzten dorthin verwiesen. Oft mit durchschlagendem Erfolg. Schmunzelnd erzählte uns Herr Steiger, dass manche Ärzte sogar Futtermischungen aufschreiben, die bis aufs Gramm genau Bestandteile auflisten.

Auch bei den Zieglers hat es vor Jahrzehnten mit der Fleischerei für Hunde so angefangen, als der damalige Hund eine Allergie entwickelte, die immer schlimmer wurde. Mehrere Futterwechsel brachten nichts, so fuhren sie in den Schlachthof und besorgten sich Rohfleisch. Nach kurzer Zeit ging es dem Hund deutlich besser und von der Allergie war nichts mehr zu bemerken. Sie fütterten weiterhin Fleisch und versorgten

Andreas Steiger im Kühlraum.

bald die Nachbarhunde mit. Das sprach sich herum und daraus entwickelte sich das heutige Ladengeschäft. Wer so viele zufriedene Kunden hat, der erweitert naturgemäß sein Angebot, sinnvolle und bewährte Hundeaccessoires finden Sie in beiden Geschäften. Die langjährige Erfahrung in den Familienbetrieben begründet die außerordentliche Beratungskompetenz, die den Kunden hier geboten wird. Wer seinen Hund an Rohfleisch heranführen möchte, ist gut daran beraten, sich umfassend

Große Auswahl in der Theke vom Hunde & Katzenparadies.

und kundig zu informieren. Auf die persönlichen Bedürfnisse des Hundes, sein Gewicht, Alter und Fitnessstand wird eingegangen.

## Frischfleischtag

Am Frischfleischtag befinden sich bei den Zieglers Rohfleischsorten vom Rind/Kalb, Geflügel, Lamm, Pferd, Kaninchen und Wild sowie eine Obst- und Gemüsemischung (Äpfel, Karotte, Zucchini) in der Theke. Dem Gemüse sollte kurz vor der Fütterung Öl zu-

gesetzt werden, damit fettlösliche Vitamine besser aufgenommen werden können. Steiger beschränkt sich auf Rind- und Lammfleisch und, wenn sich genügend Abnehmer finden, auch auf Pferdefleisch. Ausprobieren und naschen, um die Bedürfnisse und Vorlieben der Vierbeiner herauszufinden, ist selbstverständlich. Knochen von Rind, Lamm, Pferd werden gewolft und den Futtermischungen beigegeben, da das in ihnen enthaltene Kalzium benötigt wird. Angeboten werden verschiedenste Mischungen - frisch oder gefroren. Aber natürlich gibt es auch Knochen pur, denn ein Gelenkknochen ab und an ist besser als jede Zahnbürste.

Bei den Zieglers wird im Winter zusätzlich Dorschlebertran empfohlen, wegen der Omega 3 Fettsäuren. Im Laden werden auch Futterergänzungsstoffe verkauft, denn ein Hund sollte nicht nur von rohem Fleisch ernährt werden, da bekäme er auf Dauer Mangelerscheinungen.

„Jeder Hund ist anders und vieles, was Ernährungsfragen angeht, hängt auch davon ab, was der Hundebesitzer gerne glauben möchte", so Steiger. Er wäre allerdings bereit darauf zu wetten, dass sich jeder Hund, egal wie er ernährt wird und wurde, sofort auf eine Portion frischen Pansen stürzt, egal welche Alternativen angeboten werden. Probieren Sie es doch mal aus.

**Tiernahrung Steiger**

Nordring 70
63067 Offenbach
Tel.: 069-88 41 09

**Katzen & Hundeparadies - Jutta Ziegler & Regina Ziegler**

Liliencronstraße 1
(Ecke Eschersheimer Ldst.)
60320 Frankfurt am Main
Tel.: 069-56 62 64
Fax: 069 -95 62 25 09
Mail: k-h_paradies@gmx.de

# Weniger Fleisch ist mehr

## Ein Tiernahrungshersteller will unsere Hunde zu „nachhaltigen" Konsumenten machen

Den meisten Hunden im Test hat Flexidog bisher sehr gut geschmeckt

Aus welchem Grund auch immer – die Zahl der Hundehalter, die sich selbst fleischlos ernähren oder zumindest öfter auf Fleisch verzichten, wird größer. Neben Vegetariern und Veganern gibt es immer mehr „Flexitarier". So nennt man Menschen, die auf Fleisch nicht ganz verzichten wollen, aber ihren Fleischkonsum nach dem Motto „Weniger, dafür besser" auf ein Maß zurückfahren, das für die Umwelt und die eigene Gesundheit zuträglicher ist und auch ein Zeichen gegen die Auswüchse der Massentierhaltung setzen will.

### Erfolgreicher Futtertest

Aber der Hund? Begleitet er Herrchen oder Frauchen auf diesem Weg? Ein mittelständischer deutscher Tiernahrungshersteller will es Hundebesitzern jetzt erleichtern, ihre Lieblinge von einem nachhaltigeren Lebensstil zu überzeugen. Basierend auf wissenschaftlichen Erkenntnissen, die dem Hund bescheinigen, längst zum Allesfresser geworden zu sein, der pflanzliche Energie genauso gut verwerten kann wie tierische, entwickelte „Foodforplanet" mehrere Sorten Trockenfutter mit einem deutlich höheren Anteil pflanzlicher Nahrungsbestandteile. Das ganze Programm läuft unter der Marke „Green Petfood", die erste Produktserie nennt sich „Flexidog". So hat „Flexidog 85" nur 15 % tierische Anteile im Futter. Es soll sich für ausgewachsene Hunde der größeren Rassen als Alleinfuttermittel eignen. Ein Test mit über hundert Hunden hat gezeigt, dass die allermeisten Hunde das Futter nicht nur akzeptieren, sondern sehr gern fressen und gut vertragen. Die Ergebnisse der Testaktion sind auf der Website www.hundkeinwolf.de dokumentiert.

Wachsenden Hunden und kleineren agilen Rassen, die mehr Protein benötigen, wird „Flexidog70" angeboten, das zu 70 Prozent pflanzliche Nahrung enthält. Aber Klaus Wagner, der verantwortliche Produktmanager beim Hersteller von „Flexidog", will bei der Reduktion des Fleischanteils noch weitergehen. „Die Herstellung tierischer Nahrungsmittel ist aufwendig und in gewisser Weise auch ineffizient", so Wagner. Für eine Nahrungskalorie aus Fleisch muss ein Vielfaches an pflanzlichem Energieinput aufgewendet werden, darauf weisen Umweltverbände wie der WWF schon seit Jahren hin. Allmählich scheint das in den Köpfen anzukommen.

Als professioneller Tierernährer spricht sich Klaus Wagner für ein fleischärmeres Hundefutter aus

## Im Bund mit der Evolution

Evolutionär sind Mensch und Hund gut darauf vorbereitet, eine immer größer werdende Weltbevölkerung dauerhaft zu ernähren. Beide sind Allesfresser, der Mensch war es schon seit jeher, der Hund hat es in den letzten 20.000 Jahren in Gemeinschaft des Menschen gelernt. Hunde sind heute vom Wolf, von dem sie abstammen, in Bezug auf das Verdauungssystem, aber auch bei Hirnfunktionen und im Nervensystem durchaus verschieden. Zwar hält sich der Mythos vom Wolf im Hund so hartnäckig, wie es eine Zeitlang auch gängig war, vom Menschen als dem „nackten Affen" zu sprechen. Aber die Macher von „Flexidog" setzen darauf, dass es vor allem in städtischen Lebenswelten genügend Hundehalter gibt, die ein moderneres Bild vom Hund haben. Damit hat der

„Flexidog"-Hersteller anscheinend eine Zielgruppe im Auge, die Genuss, Gesundheit und Umwelt auch im täglichen Konsum unter einen Hut bringen möchte. Hundehalter, die dieser Zielgruppe angehören, kann man davon überzeugen, dass Trockenfutter allein schon wegen des Verpackungsaufwands eine bessere Ökobilanz hat als Nassfutter – wenn das angebotene Trockenfutter qualitativ hochwertig ist und die Inhaltsstoffe transparent sind. Gentechnikfrei ist ein Muss. Bei der Erklärung der Futterzusammensetzung, so die Erfahrung von Klaus Wagner, sind die „Flexidog"-Kunden besonders interessiert und kritisch. Deshalb bekommen sie mit der ersten Lieferung auch eine Broschüre zur Produkttransparenz an die Hand. „Alle paar Wochen nehmen wir in diese Liste weitere Punkte mit auf", berichtet Wagner, „um unsere Kunden auf dem Weg zur nachhaltigen Hundeernährung zu unterstützen".

# Neuester Trend oder älteste Wahrheit?

## Biologisch Artgerechte Rohkost Fütterung – kurz BARF

Die Menge an Hundefuttermischungen ist ebenso unüberschaubar wie die dazugehörigen Ernährungstheorien. Da Tierhalter dazu neigen, ihre Schützlinge zu vermenschlichen, gibt es Futtermischungen für jene Menschen, die Ärzten vertrauen und eine Vielzahl von Leckerlies für jene, die selbst gerne naschen. Es gibt ökologisch korrekt angebautes Futter für die umweltbewussten Tierbesitzer – selbst Vegetarier, ja sogar Veganer oder Flexitarier finden passende Angebote für vegetarische und vegane Hundeernährung. Wo es Nachfrage gibt, findet sich eben früher oder später auch ein Anbieter. Die meisten Futtersorten und deren Vermarktung sind zugeschnitten auf die Weltanschauung und das Lebensmodell der Hundehalter. Doch was würden Hunde kaufen?

### Zivilisationskrankheiten durch Industrie-Futter

Ebenso wie bei der menschlichen Ernährung hat die fortgeschrittene Industriealisierung der Futtermittelproduktion ähn-

liche Auswirkungen auf die Gesundheit der Vierbeiner wie wir sie auch als menschliche Zivilisationskrankheiten kennen. Viele Hunde leiden unter Allergien, Magen- und Darmerkrankungen, Fell- und Hautproblemen. Auch Schilddrüsenerkrankungen, Diabetis, Leber- und Nierenprobleme nehmen stetig zu. Die Lösung dieser Probleme liegt fast immer in einer Umstellung der Fütterung auf die natürlichen Futterstoffe und die Rohfütterung - das „BARFEN".

### Ganze Beutetiere

Das Verdauungssystem von Hunden ist ebenso wie das Verdauungssystem ihrer Vorfahren, der Wölfe, von Natur aus daran angepasst, ganze Beutetiere zu greifen, zu zerreißen und zu verdauen. Wölfe, die Urväter unserer Hunde, jagen große Beutetiere und verzehren sie fast vollständig. Damit nehmen Wölfe/Hunde nicht nur alles

auf, was sie an Nähr-
stoffen brauchen. Sie
pflegen beim Zerrei-
ßen der Beute auch
ihre Zähne und kräf-
tigen Kaumuskulatur
und Zahnfleisch. Den
Vertretern der puren
Fleischeslust sei aller-
dings gesagt, dass die
Wölfe auch die ange-
dauten Mageninhalte ihrer Beutetiere mit
großem Appetit verzehren und auch Obst,
Beeren, Kräuter, Gräser und Wurzeln - natürlich roh – finden sich auf dem Speise-
zettel. Genauso fressen viele Hunde von
selbst Gras zur Darmpflege.

Die Rohfütterung ist also natürlich und
artgerecht, wenn dabei das Beutetier so
gut wie möglich nachgeahmt wird. Das
bedeutet – abwechslungsreich zu füttern.
Also geben Sie nicht nur Muskelfleisch,
sondern möglichst alles von Geflügel, Rind,
Lamm und Pferd - Fleisch von allen Kör-
perteilen des Tieres, Muskelfleisch, innere
Organe, fleischige Knochen, Knorpel, Häl-
se, Ohren mit Fell. Es gibt auch Hunde, die
gern Fisch fressen. Dazu sollte man regelmäßig etwas Gemüse mit Öl versetzt füttern, um natürliche Vitamine zu geben und
zur Darmpflege. Viele Ernährungsberater
raten darüber hinaus zu Algenextrakten,
weil sie Proteine, Aminosäuren, Vitamine,
Mineralstoffe, Spurenelemente, Fettsäuren
etc. enthalten und gleichzeitig Schwerme-
talle und andere Nervengifte im Darm binden, so dass der Körper sie ausscheiden
kann. Auch Bierhefe, Kräuter, Heilpflanzen,
usw. können die ausgewogene Ernährung
sinnvoll unterstützen.

## Vorteile der Rohfütterung

* starkes Immunsystem
* starke Bänder und Sehnen
* bessere Muskulatur
* straffe Haut
* schönes, gesundes und glänzendes Fell
* kein Zahnstein und damit keine Zahn-
  fleischentzündungen
* kein übler Hundegeruch
* weniger Parasiten (Würmer, etc.)
* Risiko einer Magendrehung drastisch reduziert

Hunde, die normal belastet werden, benötigen ca. zwei Prozent ihres Körpergewichts
an Futter. Bei einem 30 kg Hund sind das
600 g. Steigt die Belastung, z.B. durch
sportliche Aktivitäten, muss Futtermenge entsprechend erhöht werden. Im Winter dagegen reduzieren sich meist körperliche Aktivität und somit auch die benötigte
Futtermenge. Jeder Hund wird anders auf
eine Futterumstellung reagieren. Es empfiehlt sich, ihn langsam daran zu gewöhnen. Die Verdauung braucht oft Zeit, um
sich darauf einzustellen, dass sie für die
Fleischverdauung andere Enzyme produzieren muss als bisher. Auch müssen manche Hunde erst lernen, richtig Fleisch und
Knochen zu fressen.

# Sitz & Platz

Erziehung ist eines der wichtigsten Themen in der Hunde-welt. Doch es ist wie bei der Ernährungsfrage – 20 Leute haben 20 verschiedene Meinungen und Hundeschulempf-ehlungen. Doch woher weiß ich, welcher Hundetrainer und welche Hundeschule gut ist? Was sind moderne Prin-zipien der Hundeerziehung? Ist modern denn immer gut? Wie werde ich eine Autoritätsperson, die mein Hund ach-tet und respektiert? Welches Konzept ist für mich und meinen Hund das richtige? Wie finde ich eine gut zusam-mengestellte Welpengruppe, die unter anderem darauf be-dacht ist, auf verschiedenen Untergründen zu trainieren und auch Ausflüge außerhalb der Hundeplatzes macht, um den Hund an die Stadt zu gewöhnen? Wir haben uns für Sie umgehört ...

# Die jungen Wilden!

## Sind Welpengruppen sinnvoll?

Der moderne Hundebesitzer muss in eine Welpenschule gehen … das wird heutzutage geradezu vorausgesetzt. Die meisten haben sogar schon die passende Welpenspielgruppe, noch bevor sie ihren Hund abholen.

In vielen Hundeschulen herrscht Unstimmigkeit darüber, wie der richtige Umgang mit Welpen sein sollte.

Allein der Begriff „Welpe" ist flexibel. Bei manchen Hundeschulen erstreckt sich das Alter für die Welpen einer Spielstunde von acht Wochen bis hin zu über sechs Monaten. Sind diese verschiedenen Altersklassen in eine Spielgruppe gepackt, wird es schwierig. Ein Welpe von acht Wochen hat ganz andere physische und psychische Bedürfnisse als ein Junghund von über sechs Monaten. Allein die körperlichen Möglichkeiten sind nicht miteinander messbar. Ein dreijähriges Kind spielt auch selten in einer Gruppe 15-Jähriger! Sinnvoll wäre auch, immer ein paar sozialstarke erwachsene Hunde in so einer Welpenspielgruppe zu haben. Die Besitzer der Welpen können jedoch meist nicht ertragen, wenn diese dann mal ein „Machtwort sprechen".

Ein sensibler oder unsicherer Welpe wird schnell zum Prügelknaben der Halbstarken. Im Prinzip ist es in

Müssen Welpen wenige Wochen nach der Geburt schon in die Hundeschule?

72

Hier ein ausgeglichenes Kräfteverhältnis in der Welpengruppe von RehabiliTiere

der Welpenspielstunde so, als würde man eine Horde Kindergartenkinder zwischen zwei und sechs Jahren völlig allein, ohne jegliche Aufsicht sich selbst überlassen. Das fördert dann weder beim Menschen noch beim Hundekind das Sozialverhalten, ganz im Gegenteil. Der unsichere Welpe wächst zu einem ängstlichen Hund heran, der gelernt hat, dass allein Angriff die beste Verteidigung ist oder der sich bei jeder Gelegenheit hinter seinem Menschen versteckt. Der Halbstarke bleibt genau das – ein größenwahnsinniger Hund, der davon überzeugt ist, dass ihm die Welt gehört (hat bei den schwächeren Welpen ja auch funktioniert). Beides ist ganz und gar nicht lustig für den, der am anderen Ende der Leine hängt.

Gibt es keine geeignete Hundeschule in der Nähe, die sich dieses Problems bewusst ist, wären Spaziergänge mit Hunden verschiedener Größen und Altersklassen zu empfehlen. Diese sollten ein gutes Sozialverhalten haben und den kleinen Racker miterziehen. So lernt er, dass er mit Welpen seines Alters anders umgehen muss als mit einem erwachsenen oder alten Hund. In einem Rudel gibt es auch in der Regel Hunde verschiedenen Alters. (Text: Monika Krieg)

# RehabiliTiere
## Was Hundetrainer alles leisten

Mela Hirse

Was gibt es schöneres, als ein Hobby zum Beruf machen zu können? Mela Hirse hat ihren Traum verwirklicht. Mit Fachkompetenz und Leidenschaft führt sie die von ihr 2008 gegründete Hundeschule RehabiliTiere in Sachsenhausen/Oberrad.

„Aus meinem Hobby mit Tieren zu arbeiten entwickelte sich das ernsthafte Interesse Verhaltensweisen, Kommunikationsmittel, die Psychologie und Lebensweise von Tieren zu verstehen und Ursachen für „Problemverhalten" zu erkennen", sagt Mela Hirse. Nach vielfältigen Fortbildungen, dem Studium verschiedener Theorien zum Umgang und der Arbeit mit Tieren arbeitete sie zunächst als Hundetrainerin und gründete 2008 RehabiliTiere. Als Ergänzung absolviert sie eine Ausbildung als Tierheilpraktikern, erweitert um die Techniken der Physiotherapie und Chiropraxis und besucht nach wie vor Seminare, Fachtagungen, Workshops und andere Weiterbildungsmaßnahmen.

RehabiliTiere bietet individuelles und intensives Einzeltraining, Gruppenstunden auf dem Hundeplatz (u.a. Basis-Kurse, Welpengruppen, Themenkurse, Spielkurse), individueller Gassi-Service, sowie Urlaubsbetreuungen und Beratungen.

### Lösungen bei Problemverhalten

Insbesondere bietet das Team neben dem klassischen Hundetraining, Sport- und Welpenkursen auch artgerechte und effektive Lösungen bei Problemverhalten, Aggression und Traumata und unterstützt bei der Integration von Tierschutzhunden in ihre neue Umgebung. Gerade das wird zunehmend ein Thema in der Hundecommunity: Immer mehr Menschen entscheiden sich für einen Hund aus dem Tierschutz, sei es aus dem Ausland oder aus einem deutschen Tierheim. Manchmal stellt der frisch gebackene Hundebesitzer Verhaltensweisen seines Hundes fest, mit denen er überfordert ist. Oftmals befinden sich die Hunde in einer Ausnahmesituation, stehen unter Stress, sind nicht oder ungenügend sozialisiert. Aus langjähriger Erfahrung mit Pflegehunden aus Tierheimen oder Tötungsstationen und Straßenhunden kennt das Team diese Problematik gut. RehabiliTiere hat dabei kein starres Konzept, sondern widmet sich dem Hund und seinem Problemen individuell – inklusive Nachbetreuung. RehabiliTiere bietet zudem interessante Workshops an, unter anderem einen Basiskurs in Körpersprache, Erste-Hilfe-Kurse, Antijagd Workshops oder Aktiv-Ausflüge.

## Urlaubs- und Tagesbetreuung

Auch bei der Urlaubs- und Tagesbetreuung hat das Unternehmen klare Leitsätze. Eine tägliche morgendliche Gassirunde an unterschiedlichen Orten in und um Frankfurt gehört ebenso dazu wie die Integration der betreuten Vierbeiner in den Arbeits- und Familienalltag. Als Gassigehservice wird ein geschulter Gassigänger geboten, der Hunde in gewohnter Umgebung zum Wunschtermin abholt, ausführt, wieder nach Hause bringt und individuell beschäftigt.

## Das neueste Projekt

Als neuestes Projekt hat Mela Hirse Hündin Aisi aus schlimmsten Verhältnissen aufgenommen. Ihr Welpe Rosalie kam bei ihr auf die Welt und entwickelt sich prächtig. Sobald Rosalie alt genug und die beiden auf das Leben draußen vorbereitet sind, werden sie in beste Hände abgegeben. Dann wird ein anderer bedürftiger Hund Hilfe bei Mela Hirse finden. Da sich dieses Projekt ausschließlich privat finanziert, werden

Hundeplatz mit vielen interessanten, teilweise in Eigenarbeit hergestellten Geräten

ständig Menschen gesucht, die bereit sind zu helfen. Die Geschichte der beiden finden Sie unter www.projekt-aisi.de. Trotz aller Anstrengungen als Hundeunternehmerin ist sich Mela Hirse sicher: „Ich liebe diesen Job", sagte sie. „Ich liebe es, hier zu sein und Mensch und Hund zu helfen. Die Menschen sollen am Ende der Stunde lächelnd gehen und freudig wiederkommen!"

## RehabiliTiere

Mela Hirse
Waldspielpark Scheerpark (Scheerwald)
60598 Frankfurt am Main Sachsenhausen/Oberrad
Tel.: 06102-86 50 993
Mobil: 0176-32 10 86 96
Mail: info@rehabilitiere.de
Web: www.rehabilitiere.de

# Dem ist nicht mehr zu helfen!

## Wenn der Hund zur Therapie muss – Gespräch mit dem Hundetherapeuten Marc Löffler

Marc Löffler wehrt sich gegen den Begriff Hundeflüsterer. Doch wenn ich je einem gegenüber gesessen habe, dann ist er es. In seiner Gegenwart werde ich auf einmal ganz entspannt und ich bin kein Hund! Er redet mit ruhiger Stimme, erzählt von seinem Beruf und wie es dazu kam. Ab und an wechselt er einen Blick mit seinem vierbeinigen Partner Jack, dem größten Hund, den wir je gesehen haben.

Seit frühester Jugend lebte Marc Löffler mit Hunden zusammen – und die waren nicht immer ganz unkompliziert. Das prägte. Gleichzeitig wusste er

Hund Jack verstarb wenige Tage nach Aufnahme dieses Fotos

von vielen anderen Hundebesitzern, dass es ziemlich schwierig ist, Hilfe bei Problemhunden zu bekommen. So beschloss er, diese Aufgabe selbst in die Hand zu nehmen. Mittlerweile ist er ausgebildeter Hundetrainer, Tiertherapeut, Tierkommunikator und Problemhundtherapeut. Zusammen mit seiner Frau Karina hat er das Hundetherapiezentrum in Frankfurt (HTZ, siehe www.hundetherapiezentrum-frankfurt.de) gegründet. „Für mich persönlich ist es eines der schönsten Dinge mit Tieren und ganz besonders mit Hunden meine Zeit zu verbringen", so Marc Löffler. „Ich habe mir vorgenommen, Hundehaltern jeden Alters und jeglicher körperlicher Konstitution mit Ihren Tieren zu helfen, Ärger zu vermeiden oder gar den Hund vor dem Tierheim beziehungsweise vor dem Einschläfern zu retten. Teambildung von Mensch und Hund steht dabei im Vordergrund." Er lässt sich nicht auf die Angst der Hunde ein, sondern suggeriert ihnen, dass er der Stärkere ist und den Hund beschützen kann. Und es funktioniert.

### Keine herkömmliche Hundeschule

Das Hundetherapiezentrum ist keine Hundeschule im herkömmlichen Sinne. Die ausgebildeten Problemhundtherapeuten arbei-

Karina Löffler

ten stets nur mit einem Hund und nicht in Gruppen, wie viele andere Hundeschulen. Somit können sie sich individuell und intensiv ihren zwei- und vierbeinigen Kunden widmen. Das HTZ arbeitet mit jeder Rasse und auch und gerade mit allen Listenhunden.

Marc Löfflers Helfer war über Jahre hinweg sein Hund Jack, ehemals ebenfalls ein unverträglicher Problemhund. Doch durch Marc wurde Jack zu einem in sich ruhenden ausgeglichenen Tier. In Jacks Gegenwart wurden andere Hunde ebenfalls ruhiger und ausgeglichener, denn wenn er seinem Herrn vertraute – dann konnten sie es auch! Marc Löffler arbeitet gerne mit einem tierischem Partner, zur Zeit – bis er wieder einen eigenen hat – leiht er sich von ihm ausgebildete Hunde seiner Kunden aus.

## Körpersprache

Mittels Körpersprache und nonverbaler Kommunikation erarbeitet das Hundetherapiezentrum-Team mit den Kunden, wie sie mit ihrem Hund umgehen und die entsprechenden Kommandos übermitteln können. Sie zeigen ihnen, wie das akute Problemverhalten in Zukunft abgestellt werden kann. Ohne Gewalt und ohne Druck.

Die Hundetrainer in Frankfurt arbeiten an flexiblen Trainingsorten. Das Hundetraining in Eschborn findet in den häufigsten Fällen im Arboretum statt. In Hanau und in Darmstadt findet das Training meist in der Umgebung auf offenen Wiesen und im Wald statt. Grundsätzlich wird aber immer dort trainiert, wo der Hund das Problemverhalten zeigt. Bei HTZ gibt es auch Hilfe und intensive Vorbereitung für alle, die mit ihrem Hund zum Wesenstest in Frankfurt am Main müssen. Alle möglichen Situationen werden geübt und das über mehrere Tage, an mehreren Orten, um das gegenseitige Vertrauen zu stärken. „In meine Arbeit stecke ich viel Herzblut und Gefühle", sagt Marc Löffler. „Aber es ist es wert. Jeder Hund, den ich retten kann, ist die Mühe wert!"

## HTZ – Hundetherapiezentrum Frankfurt

Am Hasensprung 6
60437 Frankfurt am Main
Tel: 069-50 00 66 21
Mobil: 0172-69 13 026
Mail: info@htz-frankfurt.de
www.hundetherapiezentrum-frankfurt.de

# Tölen & Partner
## Coaching auf Nasenhöhe

Sie suchen eine Hundeschule, in der Sie lernen, wie Sie Ihren Hund ohne Leckerli und andere Hilfsmittel souverän durch den Alltag führen können? Bei Tölen & Partner wird genau das prakti-

Dr. Muna Nabhan

weg von der Versuchung auf sich zu orientieren. Wie das geht? Eigentlich ganz einfach, wenn man mit der richtigen Mischung aus Körpersprache, Durchsetzungsvermögen und Angeboten an die Sache herangeht. Sich eine solche Handlungsfähigkeit auch in Konflikten zu erarbeiten, darin sieht Muna Nabhan, Gründerin und Inhaberin von Tölen & Partner, das wichtigste Lernziel für ihre Kunden. Denn was nutzt das schönste Sitz oder Platz, wenn ein Hund dieses nicht zuverlässig auch unter Ablenkung beherrscht? Nicht, dass gewöhnliche Benimmregeln nicht auch auf dem Plan stünden. Von der Welpenspielstunde bis hin zum Hundeführerschein können Hunde hier die Schulbank drücken.

Das nötige Klassenzimmer ist auch vorhanden: ein 5.000 qm großes idyllisches Gelände im Vordertaunus. Hier werden auch Einführungen in sinnvolle Beschäftigungen für Vierbeiner angeboten, etwa Mantrailing oder Dummytraining. Und einmalig im Rhein-Main Gebiet: Seniorentraining. Eine Tierphysiotherapeutin zeigt gelenkschonende Übungen, derweil die Hundetrainerin die Hunde geistig über Kopfarbeit fordert.

ziert und die Rollen gerne einmal vertauscht: Nicht der Halter, sondern die Hundetrainerin hat den Futterbeutel und lockt mit Leckerli, Spielzeug und ähnlich reizvoller Ablenkung. Die Aufgabe von Herrchen oder Frauchen ist es dann, ganz ohne solche Trümpfe im Ärmel den Hund

### Arbeit mit Tierschutzhunden

Ein besonderes Steckenpferd von Nabhan ist aber die Arbeit mit Hunden aus dem Tierschutz. Für diese bietet sie eigene Kurse an, denn viele dieser Hunde stellen

Buzz (aus Katalonien/Spanien nach Deutschland vermittelt von der HundeNothilfe 4 Pfoten e. V., 61206 Wöllstadt)

ihre Halter erst einmal vor ganz besondere Herausforderungen. Ein Hund, der auf der Straße eine ganze Zeit lang auf sich gestellt war und deshalb gewöhnt ist, eigene Entscheidungen zu treffen, muss häufig erst davon überzeugt werden, Menschen zu vertrauen und sich diesen verbindlich anzuschließen. Auf diese Themen oder auch etwaige Angststörungen, Traumata und

gesteigertes Aggressionsverhalten kann in diesen speziellen Gruppen weitaus tiefer eingegangen werden als dies in einem Kurs, der sich lediglich auf „Benimmregeln" beschränkt, gegeben ist.

Die nötige Kompetenz als Hundetrainerin erwarb Nabhan während einer Ausbildung bei Canis. Wie viele ihrer Kollegen

auch, wünscht sie sich mehr Transparenz und Qualifikationsnachweise für das Berufsbild der Hundetrainer, weswegen sie sich freiwillig einer Zertifizierung durch die Tierärztekammer Schleswig-Holstein unterzogen hat und Mitglied im Berufsverband zertifizierter Hundetrainer ist. „Leider ist eine Überprüfung der Fähigkeiten eines Hundetrainers in Hessen nicht Pflicht, jeder der sich hierzu berufen fühlt, kann die Tätigkeit ausüben. Für Hundehalter ist es so häufig sehr schwer nachzuvollziehen, welche Kompetenzen ein Trainer hat", sagt Nabhan.

Als systemische Therapeutin und Coach verfügt Nabhan darüber hinaus auch über die nötige Beraterkompetenz für das andere Ende der Leine: den Menschen. Ihrer Erfahrung nach ändern Hunde ihr Verhalten erstaunlich rasch, wenn es den Haltern gelingt, den Umgang mit ihrem Vierbeiner anders zu gestalten. (Text: Dr. Muna Nabhan)

## Tölen & Partner

Dr. Muna Nabhan
Im Lauer
65812 Bad Soden am Taunus
Mobil: 0171-52 30 801
Mail: Muna.Nabhan@toelenundpartner.com
Web: www.toelenundpartner.com

# Checkliste

## Woran erkennt man eine gute Hundeschule?

### Der/die Hundetrainer/-in

kann eine qualifizierte Ausbildung im Bereich der Hundeerziehung/Verhaltensberatung, bevorzugt mit einem staatlich anerkannten Abschluss vorweisen (z. B. Tierarzt mit verhaltenstherapeutischer Zusatzausbildung, Hundefachwirt IHK oder Hundeerzieher und Verhaltensberater IHK, CANIS-Studium oder sonstige Zertifizierung eines größeren Verbandes).

Trainer/Hundeschulen sind Mitglied einer berufsständigen Vereinigung, bei der die Mitgliedschaft an den regelmäßigen Besuch von Fortbildungsveranstaltungen gebunden ist.

### In der Hundeschule

- richtet sich das Kursangebot nach den Bedürfnissen der Teilnehmer.

- erfolgt die Ausbildung der Hunde und ihrer Halter nach modernen, gewaltfreien Methoden und in einer angenehmen Atmosphäre für Menschen und Hunde,

- werden keine Erziehungsmethoden oder -hilfsmittel eingesetzt, die zu Schmerzen,

- Schäden oder Leiden beim Hund führen. Nicht tiergerechte Hilfsmittel, wie Stromreizgeräte, Stachelhalsbänder, Zughalsbänder ohne Stopp sowie Erziehungsgeschirre mit Zugwirkung unter den Achseln werden nicht verwendet.

- wird, besonders bei Welpen und Grunderziehungskursen, das Verhältnis von sechs Kursteilnehmern zu einem betreuenden Trainer, in der Regel nicht überschritten.

- wird generell in überschaubaren Gruppengrößen trainiert, so dass die Trainer sich adäquat mit den einzelnen Kursteilnehmern beschäftigen können.

- findet je nach Kursziel das Training nicht ausschließlich auf dem Hundeplatz, sondern auch im öffentlichen Bereich (Stadt, Hundeauslaufgebiet, Park ...) statt.

- gibt es bei individuellen Fragestellungen und Problemen, die im Rahmen des Gruppenunterrichts nicht bearbeitet werden können, ein Angebot für Einzeltraining oder Hausbesuche. Gegebenenfalls überweist die Trainerin/der Trainer die Teilnehmenden an spezialisierte Fachleute weiter. (Quelle: BHV)

„GrünGürtel-Tier"

Zuerst gesehen und gezeichnet, 2002,
und erstmals nach der Natur
geformt, 2005, von
Robert Gernhardt

# Gassi & Co.

Wir Hundebesitzer müssen jeden Tag mehrfach mit unseren vierbeinigen Kumpels vor die Tür. Obwohl es angenehm sein kann, immer auf die gleichen Menschen zu treffen, wird irgendwann der immer gleiche Weg doch ein wenig langweilig. Und so haben wir uns für Sie umgesehen und Frankfurts Grünflächen für Sie besucht und bewertet. Erwähnenswerte Gebiete, die sich außerhalb Frankfurter Stadtgrenzen befinden und auch solche, die unmittelbar angrenzen, haben wir im Kapitel Ausflugsziele untergebracht. Zum Thema Reise und Verkehr haben wir uns umgehört, was die Verkehrssicherheit unserer Vierbeiner betrifft.

# Warum Landwirte stinkig werden

## Auch in „freier" Natur gibt es ein paar Dinge zu beachten

Kommt das irgend jemandem bekannt vor?

Wir waren gerade im Huthpark unterwegs, als wir das Glück hatten, einen Landwirt live vor Ort anzutreffen. Gemeinsam mit seinem Team war er dabei, die größte Hundefreilauffläche der Stadt zu mähen. Gentleman der ich bin, ließ ich Myriam den Vortritt, sich dem riesigen Traktor, der auf der Wiese seine Bahnen zog, in den Weg zu stellen. Wir wollten ein Mysterium klären, das zwischen Hundehaltern als Hörensageninformation herumspukt. Die Frage lautet: Warum mögen Landwirte keine Hundehalter?

Der Jungbauer hoch oben auf dem Führerstand seiner Maschine zeigte sich recht unbeeindruckt von Myriams Intervention. Er fuhr ihr bis vor die Nasenspitze, bevor er, da sie nicht wich, die mächtige Maschine anhielt. Offenbar war er solche Aktionen ge-

wohnt seit "Bauer sucht Frau" im TV läuft. Aus sicherem Abstand sah ich zu, wie Myriam dem Maschinenführer schreiend versuchte unsere Fragen zu stellen, während ich am Wiesenrand im Schatten großer Bäume meine Mittagsvesper auspackte und Dobermännin Sina etwas Wasser in den Ausflugsnapf einschenkte. Wirklich erstaunt war ich, als kurz darauf Myriam und der Mann gemeinsam in den Traktor einstiegen und davonfuhren. Hatte der Bauer eine neue Frau? Tatsächlich dauerte es genau die Zeit, die ich benötigte, um meine zwei belegten Brötchen zu verdrücken, bis die beiden die Wiese umrundet hatten und zu mir zurückkehrten.

### Das Leid der Bauern

Aber was haben wir gelernt? Die Freilaufflächen und die Wiesen im Grüngürtel der Stadt werden von der Stadt Frankfurt an Landwirte verpachtet, die diese bewirtschaften. Das Heu von diesen Wiesen ist nicht als Futter für Kühe und Pferde (außer Isländern) geeignet, da die Tiere alles ablehnen, was nach Hund riecht oder gar mit Hundeexkrementen verunreinigt ist. Als Futter eignet sich das Heu dann nur noch für Schweine, Ziegen und Nagetiere. In den meisten Fällen wird es zur Verwertung mit Stroh vermischt und als Streu in den Stal-

Schweres Gerät auf der Hundewiese

lungen ausgebracht. Das gilt natürlich auch für alle anderen Wiesen. Dass das Heu nur noch begrenzt genutzt werden kann, macht das Ernten unrentabel. Allerdings kämpfen die Bauern nicht nur mit der Verunreinigung durch Hundekot, auch sonstiger Müll und allem voran Zigarettenkippen, Staniolpapier und Verpackungsmüll kontaminieren das Heu. Letztere drei vergiften jedes Jahr etliche Rinder, die einen qualvollen Tod erleiden. Dass Wiesen in Stadtnähe zumeist verunreinigt sind, darauf haben sich die Bauern inzwischen zähneknirschend eingestellt. Erstaunlicherweise ist ihr Hauptproblem mit den Hunden ein anderes. "Die Viecher buddeln riesige Löcher! Wenn ein Hund anfängt, dann macht der nächste weiter. Mit einem kleinen Traktor ist das eine Gefahr für Mensch und Maschine. Es kann sogar vorkommen, dass ein Traktor Achsbruch erleidet und es ist sehr

ungemütlich beim Fahren", so der Landwirt. Das war auch der Grund, warum er die ungläubige Journalistin spontan zu der Spazierfahrt einlud. Und die war laut Myriam gar nicht spaßig. "Ich musste beim Aussteigen erst mal nachzählen, ob noch alle Zahnplomben drin sind …", kommentierte sie die holprige Fahrt über die Hundewiese. Dabei hatte der Traktor schon Räder mit mehr als zwei Metern Durchmesser und ca. 50 cm Breite.

Also liebe Hundefreunde – bitte auch auf den Freilaufflächen den Kot aufsammeln, selbst keinen Müll hinterlassen und bitte bitte den Hund keine Löcher buddeln lassen. Liebe Landwirte, das mit dem Hundekot war vielen Hundehaltern bereits bekannt, aber das mit den Löchern, das war uns neu. Wir geloben Besserung.

# Mit dem Hund unterwegs in Frankfurt

## Informationen über die verschiedenen Verkehrsmittel

### Hunde im Nah und Fernverkehr

In Verkehrsmitteln des Rhein-Main-Verkehrsverbundes (RMV) werden Hunde grundsätzlich befördert. Sie müssen angeleint und unter Aufsicht einer hierzu geeigneten Person sein. Hunde, die Fahrgäste gefährden könnten, müssen einen Maulkorb tragen. Die Beförderung ist kostenlos. Blindenführhunde, die Blinde begleiten, sind zur Beförderung stets zugelassen.

In den gesamten Zügen und in den Bahnhöfen der Deutschen Bahn gilt ebenfalls Maulkorbpflicht. DB: „Zur eigenen Sicherheit sowie zum Schutz anderer Fahrgäste im Zug müssen Hunde mit einem Maulkorb an der Leine geführt werden. Werden Hunde ohne Leine/ Maulkorb angetroffen und diese können auf Aufforderung des Zugbegleiters nicht angebracht werden, kann der Zugbegleiter den Hund aufgrund fehlender Sicherheit aus dem Zug verweisen. Diese Regelung gilt nicht für Hunde, die in einem Transportbehälter mitgenommen werden. Blindenführhunde und Begleithunde schwerbehinderter Menschen sind

vom Maulkorbzwang ausgenommen." Kleine Hunde (bis zur Größe einer Hauskatze) können im Transportbehälter unentgeltlich mitgenommen werden, größere zahlen den halben Fahrpreis. Bei internationalen Fernreisen zahlt der Halter den Kinderfahrpreis der zweiten Klasse für seinen Hund. In Nacht- oder Autozügen sind Hunde nur in einem angemieteten Abteil zur alleinigen Nutzung zugelassen. An Bord des Zuges wird eine Pauschale von 30 Euro pro Hund erhoben.

### Hund und Fahrrad

Wer seinen Hund nicht neben dem Fahrrad laufen lassen kann oder möchte, kann ihn in einem Hundeanhänger befördern. Diese gibt es in verschiedenen Größen und Ausführungen. Besitzer kleinerer Hunde können ihn auch in einem Fahrradkorb transportieren. Bei beiden Möglichkeiten gilt: Der Hund muss gut gesichert sein. Denn sollte der Hund einmal etwas Interessantes entdeckt haben und losspringen, kann es für die Verkehrsteilnehmer und ihn selbst gefährlich werden.

Der Anhänger ist für längere Strecken und ältere Hunde ideal

## Mit dem Taxi unterwegs

Bei den meisten Taxidiensten in Frankfurt gibt es ein paar Taxen, die auch Hunde befördern. Nur wenige Betreiber lehnten den Transport generell ab. Aber es geht auch ganz anders! 2004 wurde Frankfurts erstes Tiertaxi von Klaus Hilser ins Leben gerufen. Er hat sich auf den Transport von Haustieren im Rhein-Main Gebiet spezialisiert und befördert Ihren Hund montags bis freitags von 8 bis 20 Uhr zum Bahnhof, zur Tierpension, zum Tierarzt, in die Tierklinik, zum Flughafen, an den Urlaubsort – wohin Sie wollen. Die langjährige Erfahrung mit Haustieren und Exoten garantiert eine unkomplizierte, artgerechte und sichere Beförderung in speziellen Transportboxen unterschiedlicher Größe. Natürlich dürfen auch die Besitzer im Taxi Platz nehmen.

## Zu Fuß in Frankfurt

In Frankfurt kann man wunderbar bummeln. Sei es die Freßgasse in Sachsenhau-

sen oder am Main entlang, sei es die Zeil mit Goethestraße, auf einem der vielen öffentlichen Plätze oder in den Parks. Sofern es sich nicht um eine offizielle Hundeauslauffläche handelt (siehe Kapitel Gassiwege), muss u. a. in Fußgängerzonen, an öffentlichen Plätzen wie z. B. in Bahnhöfen, Schulen, Märkten oder Geschäftshäusern, als auch in öffentlichen Verkehrsmitteln der Hund an die kurze Leine. Bei öffentlichen Grünanlagen, Kleingärten, Waldflächen und Campingplätzen darf die Leine nicht länger als zwei Meter sein. In den Hundeauslaufflächen gilt keine Leinenpflicht, ebenso im Grüngürtel (sofern vor Ort keine anderweitigen Hinweistafeln zu finden sind).

## Sorgfaltspflicht des Hundehalters im Straßenverkehr

Der Hundehalter sollte darauf achten, dass sein Hund straßenverkehrstauglich ist, auch wenn er an der Leine geht. Er sollte an Menschen und anderen Hunden problemlos vorbeizuführen sein. Funktioniert das nicht einwandfrei, gibt es ausreichend Hundetrainer, um dies zu erlernen. Auch sollte darauf geachtet werden, die Hinterlassenschaft des Hundes zu entsorgen. Tatsächlich ist uns aufgefallen, dass es in Frankfurt so gut wie keine Hundetütenstationen gibt, auf jeden Fall viel zu wenige für die Anzahl der Hunde. Lobend zu erwähnen ist da Bad Soden – am Anfang eines Spazierweges stand ein voller Hundetütenspender. Somit ist Mann und Frau in Frankfurt in der Pflicht, Hundetüten mitzunehmen. Mülleimer zur Entsorgung gibt es ausreichend. Die Haufen liegenzulassen, kann vom Ordnungsamt mit einem

Bußgeld von mindestens 75 Euro bestraft werden. Da lohnt sich doch das Mitnehmen einer Plastiktüte!

## Kennzeichnungspflicht und Steuermarke

Jeder Hund, der in Hessen unterwegs ist, muss ein Halsband oder ein Geschirr mit Name und Adresse des Halters tragen. Hilfreich, z. B. wenn er ausbüxt, kann sein, wenn Sie Ihre Handynummer auf der Rückseite eingravieren lassen. Auch die Steuermarke muss am Halsband befestigt sein. Ein Identifikationschip ist gesetzlich nicht vorgeschrieben. Besitzer von Listenhunden müssen einen Haltungsnachweis für das Tier dabei haben.

# Pack die Hundeleine ein

## ... und dann nix wie raus ins Grüne!

Wir haben uns viele Gebiete innerhalb der Stadt angesehen. Wir haben uns mit Hundehaltern, die wir dort trafen, unterhalten und offizielle Informationen mit den tatsächlichen Gegebenheiten vor Ort abgeglichen. Die entsprechenden Regionen und Plätze haben wir in drei Kategorien eingeteilt.

**Erstens:**
von der Stadt ausgewiesene Hundefreilaufflächen.

**Zweitens:**
Flächen, die sich im GrünGürtel oder dem Frankfurter Stadtwald befinden. Auch hier dürfen Hunde frei laufen, sofern dem nicht Verbote vor Ort entgegenstehen.

**Drittens:**
Gebiete, in denen Leinenpflicht herrscht, die jedoch einen Besuch mit Hund wert sind. Manche Hundebesitzer ziehen ja sogar solche Gebiete vor, wenn sie den Kontakt mit anderen Hunden gerne vermeiden möchten.

# Leinen los! Von der Stadt ausgewiesene Freilaufflächen

## 1 – Alter Rebstockpark

Einen schönen Spaziergang kann man auf dem Gelände hinter dem Rebstockbad machen, allerdings mit Hund an der Leine. Es geht durch eine liebevoll angelegte, leicht hügelige Grünfläche mit dichtem Baum- und Buschbestand um einen Teich herum. Dessen Uferböschung ist jedoch nicht gut geeignet, um Hunden den Zugang zum Wasser zu ermöglichen. Zudem ist das stehende Gewässer an den Ufern sehr stark von Algen besiedelt. Hohe alte Bäume spenden Schatten, untermalt wird der Gang durch ein Frosch- oder Krötenkonzert.

Es gibt ausgewiesene Grillflächen, auf denen man (mit eigenem Grill) nach Herzenslust brutzeln darf. An einer Stelle des Parks, ein paar Meter abseits des Sees, befindet sich eine ausgewiesene Freilauffläche für Hunde. Diese ist jedoch ohne Baumbestand (also auch ohne Schatten). Für Hunde mit ausgeprägtem Jagdinstinkt ist die Wiese nicht unbedingt empfehlenswert, denn im Dickicht am Wiesenrand leben Heerscharen von Kaninchen und drehen den Hunden gerne eine lange Nase. Falls ihr Hund dazu neigt auszubüchsen, sei davor gewarnt, dass sich rund um das Gelände hochfrequentierte, mehrspurige Straßen befinden. Es gibt keine Hundetütenspender und das Grünflächenamt ist sich auch nicht ganz einig, ob es hier Mülleimer aufstellen soll oder nicht. Die Anzahl variiert jedenfalls zwischen null bis zehn, derzeit sind es fünf. Hundebesitzer berichteten uns, dass es im Sommer häufig zu Konflikten mit Großfamilien kommt, die eben dieses Stückchen Hundefreilauffläche gerne nutzen und sich über die dort frei laufenden Hunde aufregen. Offenbar beschreiten diese ihren Beschwerdeweg bis hinauf zur Verwaltung des Grünflächenamtes (wie wir aus Quellen, die hier nicht genannt werden wollen, erfahren haben).

Hunde erwünscht, bemerkenswert!

Das Rebstockgelände kann gut als Ausgangspunkt für eine große Hundewanderung genommen werden, geht man anschließend in den Niddapark (siehe auch Gassi – Niddapark).

**Beschaffenheit:** gepflegte Parkanlage mit Baumbestand und Büschen, See
**Größe:** Hunderunde an der Leine bis zu 1 ½ h
**Boden:** asphaltierte Wege, schöner Baum und Buschbestand im Park. Keine Bäume, kein Schatten und Wiese auf der Hundefreilauffläche.
**Wasserzugang:** möglich, wenn auch schwierig
**Sauberkeit:** unterschiedlich, je nach Wetter bzw. Frequentierung des Parks, grundsätzlich eine sehr gut gepflegte Anlage
**Papierkörbe:** viele
**Sitzgelegenheiten:** viele entlang der Parkwege, keine auf der Hundefreilauffläche
**Parkplätze:** sehr viele
**Verkehr:** im Park nicht, um den Park herum sehr stark
**Gassibeutel-Station:** keine
**Beleuchtung:** keine
**Kaninchen- und Wilddichte:** extrem hohe Kaninchenpopulation
**Rechtslage:** eine offizielle Hundefreilauffläche existiert
**Gastronomie in der Nähe:** nein
**Besonderheiten:** ein Willkommensschild für Hunde und deren Besitzer an der Freilauffläche

## 2 – Am Bubeloch

Das Bubeloch ist eine kleine Grünanlage am Niddaufer bei Heddernheim. Die Anlage besteht vornehmlich aus Wiesenflächen durch die einige befestigte Kieswege führen. Bäume sind eher rar. In Ufernähe führt ein asphaltierter Weg entlang, auf dem mit hohem Radfahrer und Inlineraufkommen gerechnet werden muss. Das Niddaufer ist auch hier recht steil, dennoch findet sich eine gute Stelle auf Höhe der Hundewiese an der der Wasserzugang gut möglich ist. Die Freilauffläche eignet sich zum Toben und Spielen, ist jedoch ohne Schatten. Immerhin kann man am Niddaufer entlang einen längeren Spaziergang machen.

**Beschaffenheit:** Wiesenfläche mit befestigten Wegen und ein paar Bäumen
**Größe:** Hunderunde an der Leine bis zu 1 ½ h
**Boden:** befestigter Kiesweg und Wiese
**Wasserzugang:** ja
**Sauberkeit:** sehr sauber
**Papierkörbe:** wenige
**Sitzgelegenheiten:** wenige
**Parkplätze:** viele
**Verkehr:** am Uferweg viele Radfahrer und Inliner
**Gassibeutel-Station:** keine
**Beleuchtung:** keine
**Kaninchen- und Wilddichte:** keine
**Rechtslage:** ausgewiesene Hundefreilauffläche

### 3 – Am Ellerfeld

Die Hundewiese ist nicht gerade leicht zu finden. Sie ist im Stadtteil Hausen zwischen Wohnanlagen, der A66 und der Bahnlinie gelegen. Der schmale Weg "Am Ellerfeld" führt entlang der Autobahn ins Grüne. Mit Betonung auf Autobahn, soll heißen, es lärmt etwas.

Offiziell endet die Hundefreilauffläche nach Norden an der Autobahnbrücke, die Beschilderung lässt jedoch Interpretationsspielraum und so nutzen die Hundehalter das Gebiet deutlich weiträumiger. Besonders attraktiv macht das Gebiet, dass es barrierefrei anschließt an den Volkspark Niddatal. Eine Unterführung führt zu der Hundefreilauffläche Bockenheim (siehe auch Flf Volkspark Niddatal und Flf Bockenheim).

Die Hundewiese in einem Bild ...

**Beschaffenheit:** gepflegte Parkanlage mit Mischwaldbestand, Büschen und Wiese
**Größe:** Hunderunde bis zu 15 min.
**Boden:** befestigte Kieswege, Wiese, Trampelpfad
**Wasserzugang:** nein
**Sauberkeit:** sehr sauber
**Papierkörbe:** vereinzelt
**Sitzgelegenheiten:** viele am Rand der Hundefreilauffläche
**Parkplätze:** wenige
**Verkehr:** kein Verkehr, wenig Radfahrer, keine Inliner
**Gassibeutel-Station:** keine
**Beleuchtung:** keine
**Kaninchen- und Wilddichte:** Kaninchen kommen vor
**Rechtslage:** ausgewiesene Hundefreilauffläche

## 4 – Bockenheim – Institut für Sportwissenschaften

Die kleine Hundefreilauffläche eignet sich für Sportfreunde, die sich hier zum Fußball- oder Volleyballspielen treffen und davor oder danach auch ihren Hunden ein paar Minuten Bewegung gönnen wollen. Eine Unterführung führt zu der Hundefreilauffläche Am Ellerfeld und von dort aus weiter für einen ausgedehnten Spaziergang oder eine Radtour bis zum Volkspark Niddatal (siehe auch Freilauffläche Volkspark Niddatal und Freilauffläche Am Ellerfeld).

**Beschaffenheit:** etwas ungepflegte Anlage mit Bäumen, Büschen und Wiese
**Größe:** Hunderunde bis zu 15 min.
**Boden:** befestigte Kieswege, Wiese
**Wasserzugang:** nein
**Sauberkeit:** sauber
**Papierkörbe:** vereinzelt
**Sitzgelegenheiten:** keine
**Parkplätze:** wenige
**Verkehr:** kein Verkehr, wenig Radfahrer, keine Inliner
**Gassibeutel-Station:** keine
**Beleuchtung:** keine
**Kaninchen- und Wilddichte:** keine
**Rechtslage:** ausgewiesene Hundefreilauffläche
**Besonderheiten:** öffentliche Sportanlagen anbei

## 5 – Gerbermühle

Östlich von Sachsenhausen am Mainufer liegt die Gerbermühle, ehemals traditionsreicher Gasthof mit stadtbekanntem Biergarten, heute ein Hotel und Restaurant der gehobenen Mittelklasse. Direkt neben dem Hotel beginnt ein öffentlicher, parkähnlicher Grünstreifen. Dieser reicht – unterbrochen von der Gebäudeansammlung der Frankfurter Rudervereine – bis nach Sachsenhausen. Mit seinen vielen alten Bäumen, gepflegten Rasenflächen, einem Spielplatz und vielen Sitzgelegenheiten ist das Gebiet ein Anziehungspunkt für viele Frankfurter.

Anlage zwischen Gerbermühlstraße und Mainufer

Die ausgewiesene Hundefreilauffläche hat viele Bänke und ist am Rand hin zur Gerbermühlstraße gelegen, allerdings durch eine Böschung und dichtes Buschwerk abgeschirmt. Für einen Spaziergang reicht die Fläche nicht, aber etwas toben oder eine Runde Bälle werfen geht. Das Mainufer gegenüber hat eine recht hohe und steile Böschung. Das Ufer ist mit großen Wackersteinen befestigt, was den Wasserzugang schwierig macht. Besonders attraktiv ist das Gebiet durch die vielen Biergärten bzw. Restaurants, die sich hier durch die Vereinshäuser der Rudervereine aneinanderreihen wie die Spatzen auf der Leitung. Das macht allerdings im Sommer Parkplätze sehr rar.

**Beschaffenheit:** gepflegte, parkähnliche Anlage mit schönem Baumbestand
**Größe:** Hunderunde an der Leine bis zu 1 ½ h
**Boden:** befestigte Kieswege, Rasen
**Wasserzugang:** Mainufer, Zugang ist aber schwierig
**Sauberkeit:** sehr sauber.
**Papierkörbe:** viele
**Sitzgelegenheiten:** sehr viele auch auf der Hundefreilauffläche
**Parkplätze:** sehr wenige
**Verkehr:** viele Radfahrer, keine Inliner
**Gassibeutel-Station:** keine
**Beleuchtung:** keine
**Kaninchen- und Wilddichte:** Kaninchen kommen vor
**Rechtslage:** ausgewiesene Hundefreilauffläche
**Gastronomie in der Nähe:** ja

Blick auf die Gerbermühle

## 6 – Harkortstraße

Ein reizloser Grünstreifen in der Harkortstraße in Riederwald. Hier geht man Gassi, wenn man um die Ecke wohnt und der Hund mal raus muss. Einige hundert Meter weiter befindet sich der Riederwald und noch näher ist der Fechenheimer Wald.

**Beschaffenheit:** ein schmaler Grünstreifen zwischen Industriegebiet und Wohnsiedlung entlang einer gering befahrenen Straße mit einigen Büschen und Bäumen
**Größe:** Hunderunde 10 min.
**Boden:** Rasen
**Wasserzugang:** nein
**Sauberkeit:** geht so
**Papierkörbe:** keine
**Sitzgelegenheiten:** keine
**Parkplätze:** sehr viele
**Verkehr:** Grünstreifen entlang eines Parkplatzes mit Straße dahinter
**Gassibeutel-Station:** nein
**Beleuchtung:** Straßenbeleuchtung in der Nähe
**Kaninchen- und Wilddichte:** keine
**Rechtslage:** ausgewiesene Hundefreilauffläche

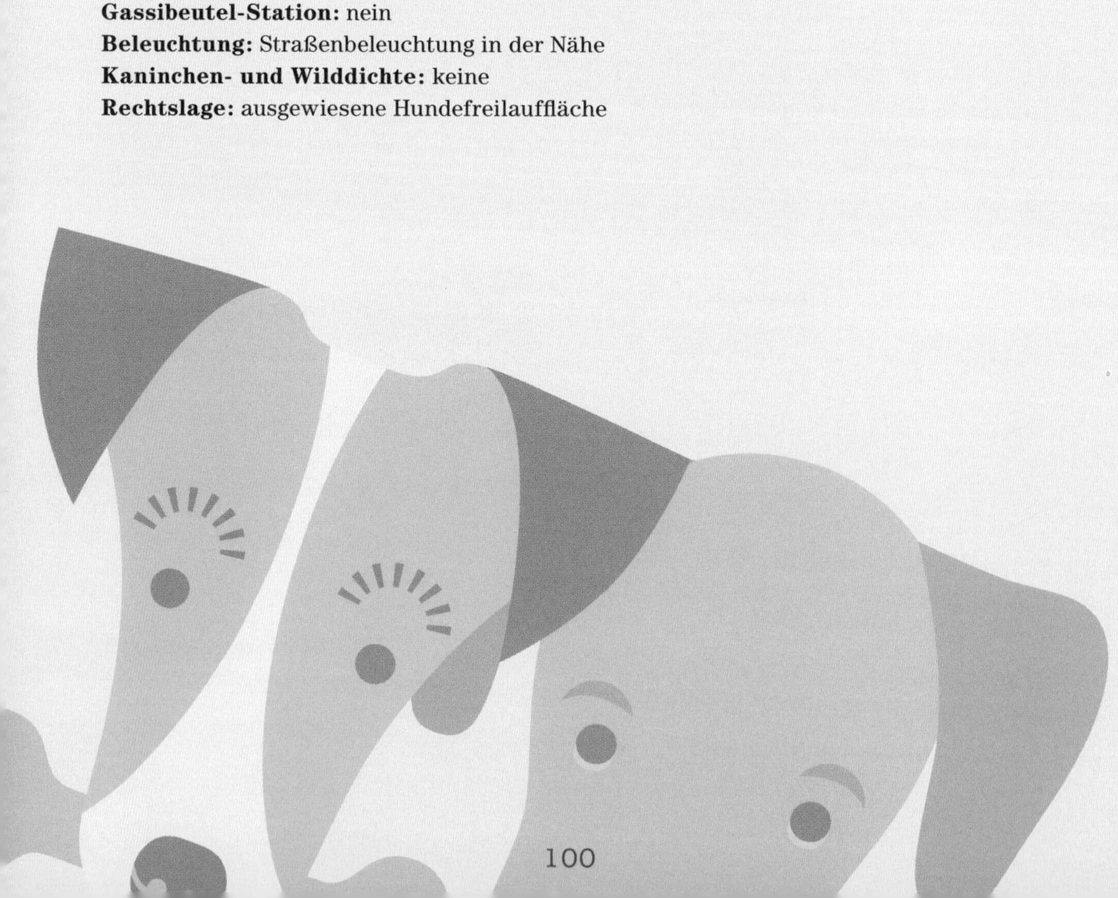

## 7 – Stadtpark Höchst

Der 1911 angelegte Park entstand auf früherem Sumpfge-
lände als Volkspark. Das große und 1930 noch erweiter-
te Gelände erhält seinen Reiz durch einen zentral gelegenen Weiher. Eingebettet ist der Park in ein weitreichendes
Grünsystem mit angrenzenden Kleingartenanlagen, Sport-
plätzen, Spazier- und Radwegen. Die Gestaltung des 14,6
Hektar großen Parks entspricht noch weitgehend dem Ur-
sprungszustand und wird von seinen alten und schönen
Bäumen geprägt.

Pittoreske Details schmücken
den Park.

Wie fast üblich befindet sich die Hundefreilauffläche im
abgelegensten Teil des Parks. In diesem Fall handelt es
sich jedoch ausnahmsweise um eine schöne und auch
ausreichend große, von alten Bäumen umstandene Fläche. Hier kann man auch mal einen Ball oder eine Fris-
beescheibe für den Hund werfen. Wasserzugang ist auch hier nicht ohne Leine möglich.

**Beschaffenheit:** gepflegte Parkanlage mit altem Baumbestand, Büschen und einem Wei-
her
**Größe:** Hunderunde an der Leine bis zu ¾ Stunde
**Boden:** befestigte Kieswege, Wiese

Zur Abwechslung mal eine schöne Hundewiese in einem Park

**Wasserzugang:** am Teich inmitten des
Parks sind die Ufer sehr flach, zudem führt
ein kleiner, schattig gelegener Bach zum
Weiher
**Sauberkeit:** sehr sauber
**Papierkörbe:** vereinzelt
**Sitzgelegenheiten:** vereinzelt
**Parkplätze:** viele
**Verkehr:** kein Verkehr
**Gassibeutel-Station:** keine
**Beleuchtung:** keine
**Kaninchen- und Wilddichte:** Kanin-
chen kommen vor
**Rechtslage:** mittelgroße ausgewiesene
Hundefreilauffläche

Links lang gehts zur Hundefreilauffläche, nur für Spaziergänger!

## 8 – Höchst Wörthspitze

Die Form der schmalen Landzunge vor dem Zusammenfluss von Nidda und Main gibt der Wörthspitze ihren Namen. Im Jahr 1913 ließ die Stadt Höchst in Höhe der Amtsgasse eine Fußgängerbrücke über die Nidda errichten. Da hier die Ziegen zur Wörthspitze getrieben wurden, heißt die Brücke im Höchster Volksmund noch heute „Gaasebrickelsche". Wer Glück hat, kann im Sommer von der Brücke aus sogar ein Schildkrötenpärchen beim Sonnen an den Ufern der Nidda beobachten.

Die pittoreske Höchster-Altstadt liegt in Laufnähe. Ein nur für Spaziergänger angelegter Alleenweg führt am Rand des Gebietes entlang, in dessen Mitte sich eine große Wiese befindet. Die Wege im Gebiet sind asphaltiert, also auch im Winter gut begehbar. Da die Wörthspitze von beiden Seiten von Flüssen begrenzt ist, besteht auch für Hunde die mal ausbüchsen keine allzugroße Gefahr. Hier kann man also auch gut mit Junghunden trainieren. Allerdings liegt am Ende des Parks die verkehrsreiche Mainzer Landstraße, zu der man in solchen Fällen Abstand halten sollte. Bei Hochwasser verschwindet die Landzunge allerdings öfter mal.

Blick vom „Gaasebrickelsche" gegenüber der Amtsgasse über die letzten Meter der Nidda auf die Höchster Altstadt

**Beschaffenheit:** gepflegte Parkanlage mit Laubbaumbestand an den Ufern von Nidda und Main
**Größe:** Hunderunde an der Leine bis zu 1 h
**Boden:** asphaltierte Wege, Wiese, schöner Baum und Buschbestand im Park
**Wasserzugang:** im Bereich der Hundefreilauffläche (auf der Niddaseite) möglich, aber teils sehr steiles Ufer. Auf der Mainseite (Leinenpflicht) flacher und hervorragender Zugang zum Wasser, der entsprechend auch genutzt wird
**Sauberkeit:** saubere und gepflegte Anlage
**Papierkörbe:** viele
**Sitzgelegenheiten:** viele entlang der Parkwege
**Parkplätze:** am Mainufer, nahe Bolongaropalast
**Verkehr:** kein Verkehr
**Gassibeutel-Station:** keine
**Beleuchtung:** keine
**Kaninchen- und Wilddichte:** gering, da wenig Buschbestand
**Rechtslage:** eine große Hundefreilauffläche existiert
**Gastronomie in der Nähe:** Höchster Altstadt
**Besonderheiten:** Durch die Nähe zur Höchster Altstadt bietet sich die Hundewiese auch als Ausflugsziel an

Das „Gaasebrickelsche" und ein Teil des Bolongaropalastes.

Große Wiese in einem sehr schönen Park, danke an die Stadt

## 9 – Huthpark

Der Huthpark liegt einge-bettet zwischen der Be-rufsgenossenschaftlichen Unfallklinik, dem Auerweg und dem Propst-Goebels-Weg, der auf der Südsei-te durch den Park ver-läuft und dient Frankfurt als wichtiges Kalt- und Frischluftentstehungs-gebiet.

Die Parkanlage zeichnet sich durch eine große, zu Seckbach hin abfal-lende Wiesenfläche aus, die von breiten Spazier-wegen und Bäumen umrahmt ist. Teilstücke des Spazierweges sind als kleine Alleen angelegt. Die Spazierwege auf der der Arolser Straße zugewandte Seite mit dem Pavillon und der Wasserpumpe auf dem Propst-Goebels-Weg sind abends beleuchtet. Die zentrale Wiesenfläche des Parks ist als Hundefreilauffläche (die größte ihrer Art in Frankfurt) ausgewiesen.

**Beschaffenheit:** gepflegte Parkanlage mit großer Wiese und viel Baumbestand und Büschen
**Größe:** Hunderunde bis zu 1 ½ h
**Boden:** befestigte Kieswege, Wiese
**Wasserzugang:** nein, Wasserpumpen für Trinkwasser
**Sauberkeit:** sehr sauber
**Papierkörbe:** vereinzelt
**Sitzgelegenheiten:** viele entlang der Parkwege, wenige auf der Hundefreilauffläche
**Parkplätze:** wenige
**Verkehr:** kein Verkehr
**Gassibeutel-Station:** keine
**Beleuchtung:** teilweise am Rand, nicht im Bereich der Freilaufzone
**Kaninchen- und Wilddichte:** mittel
**Rechtslage:** größte offizielle Hundefreilauffläche innerhalb eines Stadtparks in Ffm
**Gastronomie in der Nähe:** Bergstation
**Besonderheiten:** großer Kinderspielplatz, angrenzend an die Freilauffläche für Hunde

## 10 – Im Mainfeld

Diese "Hundewiese" ist eine weitere Peinlichkeit der Frankfurter Stadtverwaltung. Die ausgewiesene Hundefreilauffläche ist eine größere Verkehrsinsel umgeben von belebten Straßen. Unser Urteil: politisches Placebo.

**Beschaffenheit:** eine etwas größere Verkehrsinsel mit Büschen und einer kleinen Rasenfläche
**Größe:** Hunderunde 10 min
**Boden:** Wiese, Trampelpfad
**Wasserzugang:** nein
**Sauberkeit:** geht so
**Papierkörbe:** keine
**Sitzgelegenheiten:** keine
**Parkplätze:** umgebende Straßen
**Verkehr:** der Platz ist umgeben von mehrspurigen Hauptstraßen
**Gassibeutel-Station:** nein
**Beleuchtung:** bedingt, Straßenbeleuchtung rund um das Areal
**Kaninchen- und Wilddichte:** keine
**Rechtslage:** ausgewiesene Hundefreilauffläche

## 11 – Kettelerallee

Die Rose-Schlösinger Anlage ist ein kleiner schmaler Park am Bornheimer Hang. Durch die Osthanglage wird es hier ab Mittag schnell schattig, was an heißen Tagen durchaus angenehm sein kann. Der steile Hang verlangt Spaziergängern durchaus etwas ab, nicht umsonst sind manche Wege von Treppen durchsetzt. Wer seinen Hund schnell müde machen möchte, übt Apportieren von einer hohen Position des Hügels aus. Die ausgewiesene Freilauffläche befindet sich in unmittelbarer Nähe eines Spielplatzes, so bekommt man auch Kind und Hund unter einen Hut.

**Beschaffenheit:** kleine, gepflegte Parkanlage mit Rasen, gemischtem Baum- und Busch-bestand
**Größe:** Hunderunde 30 min.
**Boden:** Rasen, befestigte Kieswege, Asphaltwege
**Wasserzugang:** nein
**Sauberkeit:** sauber
**Papierkörbe:** viele
**Sitzgelegenheiten:** viele
**Parkplätze:** einige entlang der Kettlerallee, sehr viele vor der Eissporthalle. Wenn dort Zirkus oder Märkte sind, findet man noch Parkplätze am Ostpark.
**Verkehr:** kein
**Gassibeutel-Station:** nein
**Beleuchtung:** ja
**Kaninchen- und Wilddichte:** keine
**Rechtslage:** ausgewiesene Hundefreilauffläche

## 12 – Martin-Luther-King Park

Der Martin-Luther-King Park ist ein kleiner, gepflegter Park in der Nähe des Nord-West-Zentrums. Er bietet einige schöne Rasenflächen, einen Teich, einen großen Kinderspielplatz und eine bemerkenswerte Anzahl an Sitzgelegenheiten.

Ein Teich und viele Verbotsschilder

Wie auch in vielen anderen Stadtparks in Frankfurt wurde die unattraktivste Ecke zur Hundefreilauffläche erklärt. Sieht man mal davon ab, dass auch nur eine der Wiesenflächen als Liegefläche ausgewiesen ist, dass Ballspielen verboten ist, dass Modellschiffe nicht auf dem See fahren dürfen und dass es fast so viele Verbots- und Hinweisschilder im Park wie es menschliche Bedürfnisse und Interessen gibt, dann ist es ein schöner Park.

Unter der Woche, mitten im Hochsommer, beträgt das Verhältnis Hundehalter zu Nichthundehaltern ca. 3:2. Es wurde uns berichtet, dass das Ordnungsamt häufig vor Ort ist und daher die Hundebesitzer, die den Park genießen, immer auf der Hut sind, wenn sie mit ihren Hunden spielen und diese im Teich baden lassen. Der Zugang zum Teich ist flach und perfekt geeignet für Hunde, allerdings verboten.

... und jede Menge Hunde

**Beschaffenheit:** kleine, gepflegte Parkanlage mit Rasen, gemischtem Baum- und Buschbestand und Teich.
**Größe:** Hunderunde ca. 30 min.
**Boden:** Rasen, Asphaltwege
**Wasserzugang:** ja
**Sauberkeit:** sauber
**Papierkörbe:** viele
**Sitzgelegenheiten:** sehr viele
**Parkplätze:** in den Straßen rund um den Park
**Verkehr:** kein Verkehr, keine Jogger, kaum Radfahrer
**Gassibeutel-Station:** nein
**Beleuchtung:** ja
**Kaninchen- und Wilddichte:** gering
**Rechtslage:** ausgewiesene Hundefreilauffläche im Park

## 13 – Otto-Hahn-Platz

Diese "Hundewiese" gehört zu den Stilblüten der Frankfurter Stadtverwaltung. Die ausgewiesene Hundefreilauffläche ist eine Verkehrsinsel umgeben von belebten Straßen, die Kinder nur an der Hand ihrer Eltern überqueren sollten. Die Fläche ist wohl eher für den kleinen Haushund (Meerschweinchengröße) gedacht.

**Beschaffenheit:** eine Verkehrsinsel mit Büschen und einer kleinen Rasenfläche
**Größe:** Hunderunde 0 min.
**Boden:** Rasen
**Wasserzugang:** nein
**Sauberkeit:** geht so
**Papierkörbe:** einer
**Sitzgelegenheiten:** keine
**Parkplätze:** keine
**Verkehr:** der Platz umgeben von mehrspurigen Hauptstraßen
**Gassibeutel-Station:** nein
**Beleuchtung:** ja
**Kaninchen- und Wilddichte:** keine
**Rechtslage:** ausgewiesene Hundefreilauffläche

## 14 – Wiese östlich des Schwanheimer Kerbeplatzes

Zwischen der mehrspurigen Straße Schwanheimer Ufer und dem Main liegt diese große Hundefreilauffläche. Sowohl das Mainufer als auch den Straßenrand säumen Bäume und Büsche, die den Verkehrslärm etwas begrenzen. Die große Wiesenfläche dazwischen lädt Hunde und Besitzer zum Toben und Arbeiten ein. Sitzgelegenheiten sind leider rar. Die Besonderheit dieser Region liegt in ihrer eingeschränkten Erreichbarkeit. Von der

Hundewiese mit Aussicht

Stadt aus sind es etliche Kilometer mit dem Fahrrad oder zu Fuß. Es bleibt nur der Bus oder das Auto. An der Uferstraße befinden sich keine Parkplätze. Somit bietet die Fußgängerbrücke an der Frankenfurt, von Schwanheim aus, für PKW-Benutzer den einzigen Zugang. Dort finden sich auch ausreichend Parkplätze.

**Beschaffenheit:** langgezogener Grünstreifen mit schönem Baumbestand, Büschen und weitläufiger Wiese entlang des Mainufers
**Größe:** Hunderunde bis zu 2 h
**Boden:** Wiese, Trampelpfad und asphaltierter Weg
**Wasserzugang:** ja
**Sauberkeit:** sehr sauber
**Papierkörbe:** vereinzelt
**Sitzgelegenheiten:** selten
**Parkplätze:** keine
**Verkehr:** Radfahrer auf dem Asphaltweg, sonst kein Verkehr
**Gassibeutel-Station:** keine
**Beleuchtung:** keine
**Kaninchen- und Wilddichte:** Kaninchen kommen vor
**Rechtslage:** ausgewiesene Hundefreilauffläche

Die Villa Meister am Beginn der Hundefreilauffläche

## 15 – Sindlingen
Adresse: Feierabendweg, Sindlingen

Dort wo der Main den schlimmsten Teil Frankfurts (die Chemiefabriken von Höchst) hinter sich lässt, beginnt auch für Hundehalter die große Freiheit. Die Hundfreilauffläche von Sindlingen folgt dem Mainverlauf, hat jede Menge Wasserzugänge und bietet Spaziergängern, Joggern und Radfahrern mit Hund eine mehr als ausreichende Fläche um sich auszutoben, zumindest bis Okriftel.

Allerdings ist die Region landschaftlich nicht besonders anspruchsvoll und bei Hochwasser fällt sie gänzlich aus. Dafür bieten sich in der Sindlinger Altstadt eine Menge schöne Lokalitäten zur Einkehr. Mehr traditionell denn trendy, falls urban nicht gerade trendy ist.

**Beschaffenheit:** gepflegte Anlage mit schönem Baumbestand am Mainufer, Büschen und weitläufiger Wiese
**Größe:** Hunderunde so lange man möchte
**Boden:** Wiese, Trampelpfad und asphatierter Weg
**Wasserzugang:** ständig
**Sauberkeit:** sehr sauber
**Papierkörbe:** vereinzelt
**Sitzgelegenheiten:** selten
**Parkplätze:** wenige
**Verkehr:** Radfahrer und Inliner auf dem Asphaltweg
**Gassibeutel-Station:** keine
**Beleuchtung:** keine
**Kaninchen- und Wilddichte:** Kaninchen kommen vor
**Rechtslage:** ausgewiesene Hundefreilauffläche
**Gaststätte:** ja

Eine Menge Platz für Hunde ...

Das historische Bauwerk, die Sternbrücke.

## 16 – Sternbrücke und Biegwald

Bei Rödelheim überspannt die Sternbrücke, ein steinernes Bauwerk aus dem frühen 19. Jahrhundert, ein schönes Hundefreilaufgebiet. Unter der Brücke hindurch führt auch ein Abschnitt des Fahrrad-Rundwegs im Frankfurter Grüngürtel. Viele der Gassigänger, die den nahegelegenen Biegewald nutzen, kennen diese Grünfläche gar nicht. Das Gelände hat alten Baumbestand und teilweise auch neu angelegte Wiesenflächen mit jüngeren Bäumen. Sie spenden im Sommer ausreichend Schatten und prägen den Charakter des Gebietes. Zur stark befahrenen Rödelheimer Landstraße ist es ausreichend abgeschirmt, so dass Hunde hier gut toben und frei laufen können und dürfen. Viele Parkbänke komplettieren den angenehmen Aufenthalt im Grünen, mitten in der Stadt.

**Beschaffenheit:** gepflegte Anlage mit altem Baumbestand
**Größe:** Hunderunde bis zu ¾ Stunde
**Boden:** befestigter Kiesweg, Wiese
**Wasserzugang:** nein

**Sauberkeit:** sehr sauber
**Papierkörbe:** einige
**Sitzgelegenheiten:** einige rund um die Freilauffläche
**Parkplätze:** wenige
**Verkehr:** kein Verkehr
**Gassibeutel-Station:** keine
**Beleuchtung:** keine
**Kaninchen- und Wilddichte:** Kaninchen kommen vor
**Rechtslage:** ausgewiesene Hundefreilauffläche


Im Waldpark Biegwald, dem Überbleibsel eines alten Laubwaldes aus Hainbuchen, Eichen und Ulmen, herrscht Leinenpflicht. Nur ein schmaler Waldweg führt vorbei an Schrebergärten zur Wiese unter der Sternbrücke. Im Westen geht der Biegwald über in den Solmspark (siehe auch Leinenpflicht-Solmspark). Das Landschaftsschutzgebiet ist von reichlich Wegen durchzogen, die jedoch bei Nässe schnell verschlammen. Bänke sind hier rar.

**Beschaffenheit:** Waldpark mit altem Baumbestand
**Größe:** Hunderunde bis zu 1 ¾ h
**Boden:** festgetretene Sandwege
**Wasserzugang:** nein
**Sauberkeit:** stellenweise viel Abfall im Wald
**Papierkörbe:** einige
**Sitzgelegenheiten:** vereinzelt
**Parkplätze:** ausreichend
**Verkehr:** kein Verkehr
**Gassibeutel-Station:** keine
**Beleuchtung:** keine
**Kaninchen- und Wilddichte:** Kaninchen kommen vor
**Rechtslage:** Leinenpflicht

Hier im Sulzbachpark lässt sich's aushalten

## 17 – Sulzbachpark

Der Sulzbachpark liegt in Ffm-Sossen-
heim, nahe der A66. Die langgestreckte
Parkanlage wird in ihrer ganzen Länge
vom Sulzbach durchflossen. Dieser Bach
fließt in einem breiten Bett mit sanft an-
steigenden Ufern, was ihn zu einer tollen
Wasserstelle für Hunde macht. Schwimmen ist hier allerdings nicht möglich, da
der Bach nicht tief genug ist, doch zur
Abkühlung an heißen Tagen taugt er al-
lemal. Das Gelände des Parks zeichnet
sich durch ein sanftes Auf und Ab der
Wiesenflächen aus. Sehr schöne alte
Bäume spenden auf den Wiesen Schatten und grenzen am Rand den Park
vom hektischen Treiben der Stadt ab.
Die ausgewiesene Hundefreilauffläche liegt sehr zentral in leichter Hang-

Für Abkühlung sorgt der Sulzbach der in seinem flachen
Bett dahinplätschert

lage. Wo sie beginnt und wo sie endet ist schwer zu erkennen, es fand
sich nur ein Schild vor Ort. Seltsamerweise befindet sie sich in direkter Nachbarschaft der
ausgewiesenen Liegewiese, von der Hunde gänzlich fernzuhalten sind. Jedenfalls ist sie
keine Schamecke wie in vielen anderen Parks, sondern eine schöne Wiese mit großen Laubbäumen. Der Wasserzugang ist allerdings auch in diesem Park nur an der Leine möglich.

**Beschaffenheit:** gepflegte Parkanlage mit altem Baumbestand und Bachlauf
**Größe:** Hunderunde bis zu 2 h
**Boden:** befestigter Kiesweg, Wiese
**Wasserzugang:** ja
**Sauberkeit:** sehr sauber
**Papierkörbe:** viele
**Sitzgelegenheiten:** viele
**Parkplätze:** viele rund um den Park
**Verkehr:** kein Verkehr
**Gassibeutel-Station:** ja
**Beleuchtung:** keine
**Kaninchen- und Wilddichte:** Kaninchen kommen vor
**Rechtslage:** ausgewiesene Hundefreilauffläche

Einer der verwunschen anmutenden alten Bäume im Sulzbachpark

## 18 – Tiroler Park

Adresse: Waldfriedstraße, Niederrad

Die Freilauffläche Waldfriedstraßen ist ein ziemlich kleiner Grünstreifen in einem Wohngebiet. Er liegt direkt an der Straße, doch immerhin ist hier die Verkehrsdichte relativ gering. Die Bezeichnung "Austrittsfläche" wäre wohl passender.

**Beschaffenheit:** Grünstreifen, mit Bäumen und Büschen in einem Wohngebiet
**Größe:** Hunderunde 15 min.
**Boden:** Wiese, Trampelpfad
**Wasserzugang:** nein
**Sauberkeit:** sauber
**Papierkörbe:** keine
**Sitzgelegenheiten:** keine
**Parkplätze:** viele
**Verkehr:** gering
**Gassibeutel-Station:** nein
**Beleuchtung:** nein
**Kaninchen- und Wilddichte:** keine
**Rechtslage:** ausgewiesene Hundefreilauffläche

## 19 – Volkspark Niddatal – ehemaliges Bugagelände

Zwischen Praunheim, Ginnheim und Hausen liegt der Volkspark Niddatal. Mit 168 Hektar Fläche ist er der größte Volkspark in Frankfurt am Main. Im Anschluss der 1989 in Frankfurt veranstalteten Bundesgartenschau, hat die Stadt eine alte Idee wieder aufgegriffen und auf dem Gelände den Volkspark Niddatal verwirklicht. Das Konzept: Natur und Mensch sollen ihr Recht bekommen. Inmitten des weitläufigen Geländes liegt eine große ausgewiesene Hundefreilauffläche. Seltsamerweise gibt es trotz der Größe der Wiese nur einen Weg der am Rande entlang führt, was für Hundehalter mit Handicap den Gassigang etwas einschränkt. Naturgemäß entstehen aber in den Wiesen Trampelpfade durch die Spaziergänger.

Am nördlichen Rand begrenzt die Nidda den Park, deren Ufer eine recht hohe Böschung hat, dennoch gibt es einige Stellen, an denen Hunde Zugang zum Wasser finden. Besuche des Ordnungsamtes im Park sind nach Bekundungen von Hundebesitzern recht selten. Selbst an sonnigen Wochenendtagen ist der Park eher gering frequentiert. Für ausgedehnte Spaziergänge und Radtouren bieten sich die angrenzenden Regionen Ginnheimer Wäldchen und das Parkgebiet bei Hausen an, das unter der A66 hindurch bis zur Hundefreilauffläche am Ellerfeld führt und durch die Bahnunterführung zur Freilauffläche am Gelände der Abteilung für Sportmedizin, Goethe Universität (siehe Freilauffläche Ellerfeld, Freilauffläche Bockenheim) entlanggeht.

Die Hundefreilauffläche zur rechten des Weges verdient ihren Namen

**Beschaffenheit:** gepflegte Parkanlage teilweise mit Mischwaldbestand und Büschen
**Größe:** Hunderunde an der Leine bis zu 2 h

**Boden:** befestigte Kieswege, Wiese, Trampelpfade
**Wasserzugang:** am Niddaufer an vielen Stellen möglich, allerdings steile Ufer und ausschließlich im Bereich wo Leinenpflicht herrscht
**Sauberkeit:** sehr sauber. Besonders verantwortungsbewusste Hundehalter, hier kommt auch auf den Wiesen der Kotbeutel zum Einsatz
**Papierkörbe:** vereinzelt
**Sitzgelegenheiten:** vereinzelt, keine auf der Hundefreilauffläche
**Parkplätze:** sehr viele
**Verkehr:** kein Verkehr, wenig Radfahrer, keine Inliner
**Gassibeutel-Station:** keine
**Beleuchtung:** keine
**Kaninchen- und Wilddichte:** Kaninchen kommen vor
**Rechtslage:** sehr große ausgewiesene Hundefreilauffläche
**Gastronomie in der Nähe:** ja

... und spielt gerne miteinander

Entsprechend ist hier viel los und man kennt sich ...

## 20 – Waldfriedstraße

Ein weiteres Mal fragt sich der Autor, was soll uns diese von der Stadt ausgewiesene Freilauffläche sagen? Liebe Stadtverwaltung: Wenn es darum geht, hundefreundlich zu erscheinen, dann wäre es dienlich, jede winzige Rasenparzelle in der Stadt zum Hundefreilaufgebiet zu erklären. Davon gibt es noch einige mehr, die sich direkt an Straßen befinden. Derartige bestehen sogar zu hunderten und manche davon befinden sich immerhin an Stellen, die nicht so verkehrsgefährdend sind wie die auserkorenen. Die "Freilauffläche" an der Waldfriedstraßen ist dabei eine Ausnahme. Sie ist zwar lächerlich klein, aber immerhin ist hier die Verkehrsdichte drumherum relativ gering. Unser Urteil: politisches Placebo.

**Beschaffenheit:** Grünstreifen, mit Bäumen und Büschen
**Größe:** Hunderunde 5 min.
**Boden:** Wiese, Trampelpfad
**Wasserzugang:** nein
**Sauberkeit:** sauber
**Papierkörbe:** keine
**Sitzgelegenheiten:** keine
**Parkplätze:** viele
**Verkehr:** gering
**Gassibeutel-Station:** nein
**Beleuchtung:** bedingt, Straßenbeleuchtung auf der Straßenseite gegenüber dem Grünstreifen
**Kaninchen- und Wilddichte:** keine
**Rechtslage:** ausgewiesene Hundefreilauffläche

## 21 – Wetteraustraße am Günthersburgpark

Diese Hundefreilauffläche liegt am nördlichen Ende des Günthersburgparks – sie ist aber nicht Teil des Parks. Zum Günthersburgpark, einer der schönsten Parkanlagen Frankfurts, ist der Zugang für Hunde komplett verboten. Die Freilauffläche ist – mal wieder – ein Stück unrelevantes Grün an einer Straße.

**Beschaffenheit:** Anlage mit einigen Bäumen, Büschen und Wiese
**Größe:** Hunderunde bis zu 5 min.
**Boden:** befestigte Kieswege, Wiese, Trampelpfad
**Wasserzugang:** nein
**Sauberkeit:** sauber
**Papierkörbe:** einer
**Sitzgelegenheiten:** eine Bank
**Parkplätze:** umliegende Straßen
**Verkehr:** kein Verkehr, wenig Radfahrer, keine Inliner
**Gassibeutel-Station:** keine
**Beleuchtung:** keine
**Kaninchen- und Wilddichte:** Kaninchen kommen vor.
**Rechtslage:** ausgewiesene Hundefreilauffläche

Die ganze Hundewiese in einem Bild ...

## 22 – Zur Frankenfurt

Ein langgezogener Grünstreifen von ca. 5 – 8 m breite zwischen Schrebergartensiedlung und vielbefahrener Straße. Keine Bäume, kein Weg, nicht mal ein Bürgersteig. Landschaftlich reizlos. Verkehrsgefährdend für den PKW-Verkehr. Entlang

Die gesamte Hundefreilauffläche

dieses Wiesenstreifens besteht nicht einmal ein Bürgersteig.
Es existiert ein Trampelpfad auf dem sich ältere Hundebesitzer bei Regen vorschriftenkonform durch den Schlamm kämpfen dürfen. Unser Urteil: politisches Placebo.

**Beschaffenheit:** Grünstreifen, kein Weg, nicht mal ein Bürgersteig. Landschaftlich reizlos
**Größe:** Hunderunde tatsächlich ca. 2 h hin- und zurück
**Boden:** Wiese, Trampelpfad
**Wasserzugang:** nein
**Sauberkeit:** sauber
**Papierkörbe:** keine
**Sitzgelegenheiten:** keine
**Parkplätze:** viele
**Verkehr:** viel
**Gassibeutel-Station:** nein
**Beleuchtung:** bedingt, Straßenbeleuchtung auf der Straßenseite gegenüber dem Grünstreifen
**Kaninchen- und Wilddichte:** keine
**Rechtslage:** ausgewiesene Hundefreilauffläche

# Soweit die Füße tragen ...

## Gassitipps für GrünGürtel und Frankfurter Stadtwald

Das ehemalige Flugfeld

### 23 – Alter Flughafen Bonames und Umland

Zwischen Bonames, dem Frankfurter Berg, Harheim, Berkersheim und der A661 schlängelt sich die Nidda durch eine weitläufige Kulturlandschaft aus Wiesen und Feldern, die zum GrünGürtel der Stadt gehören. Ein wunderbares Gebiet für ausgedehnte Spaziergänge und Radtouren mit Hund. Südwestlich von Bonames (mit dem Auto muss man durch den Bonameser Ortskern fahren, um ihn zu finden) liegt der Alte Frankfurter Flughafen. Aus dem ehemaligen Hubschrauberstandort der US-Armee ist ein spannendes Gelände für Naherholung geworden.

Im ehemaligen Hauptgebäude hat das Tower Café Einzug gehalten. In den umliegenden Hangars befinden sich das Feuerwehrmuseum Frankfurt und die Aeronauten-Werkstatt. Diese bietet für Kinder und Erwachsene die Möglichkeit, mit einfachsten Materialien und Werkzeugen Einsichten in die Welt der Naturwissenschaft und Technik zu gewinnen.

Auf dem Flughafengelände selbst sollten Hunde angeleint werden, nahe der Landebahn ist jedoch eine Freilauffläche mit Zugang zur Nidda ausgewiesen. Direkt vom Flughafen aus führt die Robert-Gernhardt-Brücke (bewacht vom GrünGürtelTier) zu den Niddaauen, wo Hunde frei laufen dürfen.

**Beschaffenheit:** Felder und Wiesen entlang der Nidda

**Größe:** Hunderunde stundenlang

**Boden:** Befestigte Kieswege und unbefestigte Feldwege, Wiesen

**Wasserzugang:** an vielen Stellen des Niddaufers, allerdings liegt das Flussbett tief und hat steile Ufer

**Sauberkeit:** sehr sauber

**Papierkörbe:** entlang der Nidda, sonst keine

**Sitzgelegenheiten:** viele entlang der Nidda

**Parkplätze:** wenige

**Verkehr:** die Homburger Landstraße durchzieht das Gebiet. Der befestigten Weg entlang der Nidda hat eine Fußgängerampeln zur Querung

**Gassibeutel-Station:** keine

**Beleuchtung:** keine

**Kaninchen- und Wilddichte:** gering aber vorhanden

**Rechtslage:** Frankfurter GrünGürtel, keine Leinenpflicht

**Gastronomie in der Nähe:** ja

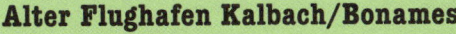

Towergebäude

## Alter Flughafen Kalbach/Bonames

Am Burghof 55
60437 Frankfurt
Aeronauten-Werkstatt ist ein Projekt des Umwelt-Exploratoriums e. V.
Mail: info@aeronauten.org
Web: www.aeronauten.org

## Umwelt-Exploratorium e. V.

Bettinastraße 19
63067 Offenbach am Main
Tel.: 069-48 00 65 68
Mail: info@u-x.de
Web: www.u-x.de

## 24 – Enkheimer Hang

Östlich von Bergen-Enkheim liegen Enkheimer Wald, Enkheimer Ried und der Enkheimer Hang. Gemeinsam bieten sie eine abwechslungsreiche Landschaft, die sich für ganz unterschiedliche Spaziergänge und Ausflüge eignet. Im südlich gelegenen Wald wandelt man schattig zwischen alten Laub- und Nadelbäumen auf befestigten Kieswegen. Hier und da findet sich auch eine Wetterschutzhütte mit Sitzgelegenheit. Im Süden führt eine Brücke zum Fechenheimer Wald (siehe auch GrünGürtel Fechenheimer Wald) und nach Westen schließt sich nahtlos der Bischofsheimer Wald an (siehe auch Ausflug Bischofsheimer Wald). Nördlich des Waldes befindet sich das Naturschutzgebiet Enkheimer Ried mit einem See und sumpfigen Unterholz, das nicht betreten werden darf. Am Westrand des Rieds dient ein Hügel als Aussichts- und Beobachtungsplattform. Hier ist auch ein kurzer Lehrpfad zum Naturraum Ried und seiner Tier- und Pflanzenvielfalt zu finden. Die Ausläufer des Enkheimer Hanges reichen bis an das Riedgebiet heran. Am Fuße bzw. parallel der Anhöhe bewegt man sich durch leicht an- und absteigendes Gelände zwischen den typischen Frankfurter Streuobstwiesen und Schrebergärten.

Wer es etwas sportlicher mag, der wählt einen den Hang hinauf führenden Wege. Doch Vorsicht ist geboten, nach oben hin wird es ziemlich steil. Zur Belohnung für die Mühe winkt dem Bezwinger der Steigung allerdings eine schöne Aussicht und die Genugtuung, an diesem Tag eine sportliche Leistung vollbracht zu haben.

Auch im flachen Teil des Gebietes, östlich des Rieds, ist es schön. In der Region finden sich gut platzierte Bänke, die einen Ausblick auf die jeweilige Landschaft bieten.

**Beschaffenheit:** Mischwald, Streuobstwiesen, Wiesen, Schrebergärten, Felder
**Größe:** Hunderunde stundenlang
**Boden:** befestigte Kies-, Sand- und Schotterwege
**Wasserzugang:** nein
**Sauberkeit:** sehr sauber
**Papierkörbe:** sehr wenige
**Sitzgelegenheiten:** sehr wenige
**Parkplätze:** viele in Bergen-Enkheim und Maintal Bischofsheim
**Verkehr:** kein Verkehr, wenig Radfahrer
**Gassibeutel-Station:** keine
**Beleuchtung:** keine
**Kaninchen- und Wilddichte:** gering
**Rechtslage:** GrünGürtel Frankfurt, keine Leinenpflicht
**Gastronomie in der Nähe:** in Bergen Enkheim

Hier geht's, für Frankfurter Verhältnisse, ziemlich steil bergauf

Blick auf Offenbach von der Fechenheimer Seite aus

## 25 – Fechenheimer Mainbogen und Fechenheimer Leinpfad

Zwischen dem Main und der südlichen Seite Fechenheims befindet sich ein mittelgroßes Gebiet aus Wiesen, Äckern und Schrebergärten, die sich zum Gassigehen sehr gut eignen. Die Wiesen und Äcker sind von Trampelpfaden durchzogen, auf denen zumeist Hundehalter unterwegs sind. Umsäumt wird das Gebiet vom Fechenheimer Leinpfad – ein alter Treidelpfad, der entlang des Mainufers führt. Heute wird das Mainufer von altem, teils mächtigem Baumbestand und Dickicht gesäumt, durchbrochen von Stellen, an denen Angler sich gerne aufhalten, aber eben auch Hunden der Zugang zum Wasser leicht möglich ist. Die Ufer sind für Hunde gut begehbar, der Ein- und Ausstieg ist auch für ältere Hunde geeignet.

Der alte Leinpfad ist heute ein asphaltierter Rad- und Gehweg, der auch im Winter gut begehbar ist. Dieser Uferweg führt an der Carl-Ulrich-Brücke (die nach Offenbach hinüberführt) beginnend nach Osten den ganzen Mainbogen entlang, an Fechenheim vorbei. Gerade hat die Gemeinde Fechenheim die Uferregion neu gestaltet, diese lädt nun mit Wiesen, Sitzgelegenheiten und befestigen Wegen zum Verweilen und Spazieren ein. Von dort setzt sich der Uferweg – Frankfurt verlassend – nahtlos fort. Er führt weitgehend im Grünen an Maintal vorbei bis nach Hanau. So eignet er sich auch als Startpunkt für eine größere Wanderung oder Radtour mit Hund.

**Beschaffenheit:** Wäldchen, Wiesen und Äcker, Mainufer
**Größe:** Hunderunde bis zu 1 ½ h
**Boden:** Wiesen, Äcker, Trampelpfade, asphaltierter Weg
**Wasserzugang:** viele gute Stellen
**Sauberkeit:** sehr sauber
**Papierkörbe:** vereinzelt
**Sitzgelegenheiten:** entlang des Weges
**Parkplätze:** ja
**Verkehr:** Null; sehr ruhig, keine großen Straßen in der Nähe
**Gassibeutel-Station:** keine
**Beleuchtung:** keine
**Kaninchen- und Wilddichte:** gering
**Rechtslage:** GrünGürtel Frankfurt, keine Leinenpflicht
**Gastronomie in der Nähe:** ja

## 26 – Fechenheimer Wald – westlich der Vilbeler Landstraße

Das Gebiet Fechenheimer Wald fängt an der Kreuzung Borsigallee und Wächtersbacher Straße oder Borsigallee an, Auffahrt zur A66 (direkt am Park & Ride Parkhaus). Von der Wächtersbacher Staße aus beginnt das Gebiet als parkähnliche Anlage mit einem befestigten Alleenweg. Der führt anschließend an einer kleinen Wiese vorbei, bevor er zum Waldweg wird.

Vom Parkhaus aus begibt man sich direkt in den Wald der von vielen, meist unbefestigten Wegen durchzogen ist. In diesem kleinen Gebiet treffen sich viele Hundebesitzer aus dem Riederwald, aus Fechenheim und aus den Büros der umliegenden Industriegebiete zum gemeinsamen Spaziergang. Getrennt wird der Fechenheimer Wald durch die viel befahrene Vilbeler Landstraße.

**Beschaffenheit:** Park, Wiese, Mischwald

**Größe:** Hunderunde bis zu 1 h

**Boden:** befestigte Kieswege und feste Waldwege

**Wasserzugang:** kein Wasser

**Sauberkeit:** sehr sauber

**Papierkörbe:** vereinzelt

**Sitzgelegenheiten:** an Park und Wiese viele, im Wald vereinzelt

**Parkplätze:** sehr viele

**Verkehr:** kein Verkehr

**Gassibeutel-Station:** keine

**Beleuchtung:** keine

**Kaninchen- und Wilddichte:** gering

**Rechtslage:** GrünGürtel, keine Leinenpflicht

**Gastronomie in der Nähe:** keine

Der alte Baumbestand reicht bis an den Fechenheimer Weiher

## 27 – Fechenheimer Wald – östlich der Vilbeler Landstraße

Umrahmt von der A66, der Vilbeler Landstraße und der Kilianstädter Straße befindet sich der zweite Abschnitt des Fechenheimer Waldes. Es ist ein reines Waldgebiet, in dem sich der große Heinrich-Kraft Park mit seinen Spielplätzen, Half-Pipes und Grillplätzen befindet (im Park herrscht Hundeverbot). Ziel und Wendepunkt für die meisten Gassigänger ist hier der Fechenheimer Weiher. Das Weiherufer bietet Hunden über die befestigten Plateaus für Angler einen guten Zugang zum Wasser.

Zwei Brücken führen in der Nähe des Weihers über die A66 zu den Gassi-Regionen Enkheimer Wald und Bischofsheimer Wald (siehe auch Grün-Gürtel-Enkheimer Wald und Ausflug Maintal-Bischofsheim).

**Beschaffenheit:** Waldgebiet
**Größe:** Hunderunde bis zu 1 ½ h
**Boden:** befestigte Kieswege
**Wasserzugang:** Fechenheimer Weiher
**Sauberkeit:** sehr sauber
**Papierkörbe:** am Teich
**Sitzgelegenheiten:** am Teich viele, sonst wenige
**Parkplätze:** am Teich und am Heinrich-Kraft-Park
**Verkehr:** kein Verkehr
**Gassibeutel-Station:** keine
**Beleuchtung:** keine
**Kaninchen- und Wilddichte:** gering
**Rechtslage:** GrünGürtel, keine Leinenpflicht
**Gastronomie in der Nähe:** keine
**Besonderheiten:** das Gebiet schließt, getrennt von der A66 aber durch Brücken verbunden, an die Gebiete Enkheimer Wald und Bischofsheimer Wald an

## 28 – Heiligenstock

Zwischen Berkersheim, Preun-
gesheim und Bad Vilbel erstreckt sich der Heiligenstock,
ein Gebiet das dem auf dem
Lohrberg ähnelt. Seinen Namen erhielt er von einem mittel-
alterlichen Bildstock, der neben
dem Gasthaus „Altes Zollhaus"
an der Friedberger Landstraße
steht. Weiträumige Magerrasen
und Obstwiesen mit alten Bir-
nen-, Kirsch-, Apfel- und Mira-
bellenbäumen prägen das Land-
schaftsbild.

Malerische Obstbaumwiesen

Die Region ist vom Lohrberg durch die Friedberger Landstraße getrennt. Eine Fußgängerbrücke soll verbinden, was die Straße zerschneidet. Ein Schäfer sorgt mit seiner Schaf-
herde für eine angenehm begehbare Grashöhe. Die von wilden Rosen überwucherten Ru-
inen eines alten Radiosenders verleihen dem Ort eine geheimnisvolle Aura. Wegebedingt
trifft man hier nur Jogger und Spaziergänger. In der nasskalten Jahreszeit sollte man nur
mit Wasser- und schlammfestem Schuhwerk unterwegs sein.

**Beschaffenheit:** Felder, Streuobstwiesen, Büsche
**Größe:** Hunderunde bis zu 2 h
**Boden:** Wiesen, Äcker, unbefestigte Feldwege
**Wasserzugang:** nein
**Sauberkeit:** sehr sauber
**Papierkörbe:** keine
**Sitzgelegenheiten:** keine
**Parkplätze:** viele
**Verkehr:** ruhig, das Gebiet grenzt allerdings an die vielbefahrene Friedberger Landstra-
ße und die A661
**Gassibeutel-Station:** keine
**Beleuchtung:** keine
**Kaninchen- und Wilddichte:** Kaninchen kommen vor
**Rechtslage:** Grüngürtel.
**Gastronomie in der Nähe:** ja

## 29 – Lohrberg Seckbach

Nördlich des Lohrparks in Richtung Bad Vilbel befinden sich für den Vordertaunus typische kleine Äcker und Streuobstwiesen. Im Frühling und Sommer, wenn die unbefestigten Wege trocken und die Bäume und Wiesen grün sind, ist es hier sehr schön und abwechslungsreich. In der nasskalten Jahreszeit sollte man hier jedoch nur mit wasser- und schlammfestem Schuhwerk unterwegs sein.

**Beschaffenheit:** Felder, Streuobstwiesen, Büsche
**Größe:** Hunderunde bis zu 2 h
**Boden:** Wiesen, Äcker, unbefestigte Feldwege
**Wasserzugang:** nein
**Sauberkeit:** sehr sauber
**Papierkörbe:** keine
**Sitzgelegenheiten:** keine
**Parkplätze:** am Lohrberg-Park
**Verkehr:** ruhig, das Gebiet ist allerdings von zwei vielbefahrenen Straßen umgeben
**Gassibeutel-Station:** keine
**Beleuchtung:** keine
**Kaninchen- und Wilddichte:** Kaninchen kommen vor
**Rechtslage:** GrünGürtel Frankfurt, keine Leinenpflicht
**Gastronomie in der Nähe:** ja

Hier kommen die Äpfel für den Äpplewoi her

## 30 – Niedererlenbach

Der nördlichste Stadtteil von Frankfurt ist
umgeben von weitläufigen Feldern und Wie-
sengebieten, die Hundebesitzern jede Menge
Auswahl an Auslauf bieten. Jedoch werden
hier viele Nahrungsmittel angebaut und daher
bitten die Landwirte der Region zurecht um

Der Erlenbach, innerhalb der Parkanlage,
mit dem obligatorischen Begleithund Sina.

Rücksichtnahme für ihre Felder und Wiesen. Namensgeber des Ortes ist der Erlenbach, dessen
Verlauf die Besiedelungstruktur deutlich mitbestimmt. Im Ort und dessen verkehrsberuhigter
Altstadt laden viele Restaurants, Kneipen und traditionelle Hofwirtschaften zur Einkehr ein.

Zum Westen hin begleitet eine parkähnliche Grünanlage, die bis in den Ortskern hinein-
reicht, den Lauf des Erlenbaches. Hier findet man Rasenflächen zum Sonnenbaden oder
schattige Stellen zum Rasten, Kinderspielplätze, Uferzugang für den Hund und eine ziemlich hohe Anzahl von Bänken zum Verweilen. Über diese Grünanlage hinaus führt ein
befestigter Kiesweg parallel zum Bachverlauf und dessen üppigem Baumbestand weiter.
Auch auf der nördlichen Seite des Erlenbachs befinden sich befestigte Wege, aus Asphalt
oder Kies. Sie durchziehen als Wirtschaftswege der Landwirte die Felder und Wiesen, die
teilweise von Baum- und Buschhainen unterbrochen werden.

**Beschaffenheit:** dichter Baum und Buschbestand an den Ufern des Bachlaufes, Felder
und nur vereinzelt Wiesen. Im Park Rasenflächen
**Größe:** Hunderunde so lange man möchte
**Boden:** asphaltierte und befestigte Kieswege in der
Anlage aber auch zwischen den Feldern und Wiesen
im Umfeld
**Wasserzugang:** ja
**Sauberkeit:** der Park ist sehr sauber, der Erlen-
bach jedoch leider nicht, hier findet sich viel Abfall
im Bachbett und an den Ufern
**Papierkörbe:** extrem viele
**Sitzgelegenheiten:** extrem viele
**Parkplätze:** ja
**Verkehr:** kein Verkehr
**Gassibeutel-Station:** ja
**Beleuchtung:** keine
**Kaninchen- und Wilddichte:** gering
**Rechtslage:** Grüngürtel Frankfurt, keine Lei-
nenpflicht
**Gastronomie in der Nähe:** ja

Die Anlage der Gemeinde.

## 31 – Niederrad (Stadtwald)

Am Dienstag nach Pfingsten wird in Frankfurt am Main Wäldchestag gefeiert, ein traditionelles Volksfest am Oberforsthaus im Frankfurter Stadtwald. Das Festgelände liegt im Stadtteil Niederrad zwischen der Galopprennbahn und der Commerzbank-Arena. Der Frankfurter Nationalfeiertag, wie er im Volksmund oft bezeichnet wird, öffnet seine Schaustellerbuden und Fahrgeschäfte seit den 1960er Jahren bereits am Pfingstsamstag. Den Rest des Jahres gehören die Festwiese und das Stadtwaldgebiet rundum den Erholung- und Ruhesuchenden Städtern, auswärtigen Besuchern und deren Hunden. Im Stadtwald herrscht keine Leinenpflicht. Die Region schließt an das Stadtwaldgebiet Oberschweinstiege an (siehe auch Grüngürtel Oberschweinstiege), wird aber durch die Bahntrasse davon getrennt. Eine Brücke findet sich nahe des Ziegelhüttenwegs.

**Beschaffenheit:** schöner alter Mischwald, kleine Lichtungen
**Größe:** Hunderunde stundenlang
**Boden:** unbefestigte Waldwege, in Herbst und Winter teils schlammig
**Wasserzugang:** nein
**Sauberkeit:** sehr sauber
**Papierkörbe:** vereinzelt
**Sitzgelegenheiten:** vereinzelt
**Parkplätze:** viele
**Verkehr:** die Isenburger Schneise durchzieht das weitläufige Waldgebiet.
**Gassibeutel-Station:** keine
**Beleuchtung:** keine
**Kaninchen- und Wilddichte:** für ein Waldgebiet eher gering aber vorhanden
**Rechtslage:** Frankfurter Stadtwald, keine Leinenpflicht
**Gastronomie in der Nähe:** ja
**Besonderheiten:** zu den großen Straßen hin ist das Waldgebiet umzäunt und mit Toren gesichert, um Wildunfälle zu vermeiden, das kommt auch Hundhaltern zugute

## 32 – Oberschweinstiege (Stadtwald)

Die beliebteste Hundebadestelle des Jacobiweihers, nahe der Oberschweinstiege

Zwischen Isenburger Schneise, Darmstädter Landstraße und südlich von Sachsenhausen liegt inmitten des Frankfurter Stadtwaldes die 1592 erstmals erwähnte Oberschweinstiege. Hier ließen Hirten früher das Vieh weiden. Diese sogenannte „Waldweide" war viele Jahrhunderte lang eine traditionelle Waldnutzung. Heute befindet sich hier der Waldgasthof mit großem Biergarten und in unmittelbarer Nähe der Jacobiweiher.

Der Königsbach (heute Luderbach) wurde 1931/1932 angestaut und so entstand der rund sechs Hektar große Teich, der im Volksmund auch „Vierwaldstättersee" genannt wird. In besonders kalten Wintern tummeln sich hier die Eisläufer. Rund um den See kann man die höchsten Buchen Hessens (bis zu 40 Meter) bewundern und entlang des vorbeiführenden Grüngürtel-Rundwanderweges stehen Objekte der komischen Kunst von F.K. Waechter. Darunter auch seit 2006 sein Lieblingsobjekt, der Pinkelbaum."300 Jahre hat man mich angepinkelt – jetzt pinkle ich zurück" schrieb der Künstler zu seinem Entwurf. Und genau das macht der Pinkelbaum, wenn man ihm zu nahe kommt. Wie er das macht? Es bleibt sein Geheimnis ... Im Frankfurter Stadtwald herrscht keine Leinenpflicht.

**Beschaffenheit:** sehr schöner Mischwald, kleine Lichtungen, See, Bach
**Größe:** Hunderunde stundenlang
**Boden:** unbefestigte Waldwege, in Herbst und Winter teils schlammig
**Wasserzugang:** an vielen Stellen am Jacobiweiher und auch am Luderbach; Hundebesitzertreffpunkt ist an der schönsten Badestelle nahe der Gaststätte Oberschweinstiege; Wer Stöckchen werfen will sollte sich auf dem Weg dorthin mit Ästen eindecken, denn direkt am Ufer ist das Unterholz von den vielen Hundehaltern bereits ausgeräumt
**Sauberkeit:** sehr sauber
**Papierkörbe:** an neuralgischen Stellen viele, sonst etwas dürftig
**Sitzgelegenheiten:** viele entlang der schönsten Stellen
**Parkplätze:** sehr viele
**Verkehr:** die Isenburger Schneise und die Darmstädter Landstraße durchziehen das weitläufige Waldgebiet. Hohes Aufkommen an Joggern und Radfahrern

Kleine Stöcke sind hier Mangelware

**Gassibeutel-Station:** keine
**Beleuchtung:** keine
**Kaninchen- und Wilddichte:** für ein Waldgebiet eher gering aber vorhanden
**Rechtslage:** Frankfurter Stadtwald, keine Leinenpflicht
**Gastronomie in der Nähe:** ja
**Besonderheiten:** zu den großen Straßen hin ist das Waldgebiet umzäunt und mit Toren gesichert, um Wildunfälle zu vermeiden, das kommt auch Hundhaltern zugute

## Waldgaststätte Oberschweinstiege

60598 Frankfurt am Main, Oberschweinstiegeschneise 65
Tel.: 069-68 48 oder 069-98 55 66 76, Fax: 069-98 55 66 82
Öffnungszeiten täglich ab 10:00 Uhr

## 33 – Oberwald (Stadtwald)

Östlich der Darmstädter Landstraße ist der Teil des Frankfurter Stadtwaldes als Oberwald benannt. Er schließt den fast vergessenen Monte Scherbelino mit ein, der – seit Jahrzehnten gesperrt – auf seine Sanierungserweckung aus dem Dornröschenschlaf wartet. Doch auch ohne das ehemalige Naherholungsgebiet ist der Oberwald einen Ausflug wert. Wer gerne im Wald spazieren geht, findet hier vieles, was den Charme von alten Mischwaldgebieten ausmacht. Von den umliegenden Straßen zweigen viele Parkplätze ab. Das weitläufige Areal ist komplett umzäunt, um Wildwechsel auf den großen Straßen zu verhindern. Somit ist das Gebiet auch sicher für freilaufende Hunde. Den Wald durchziehen eine Vielzahl befestigter Kieswege, einige Trampelpfade und auch Reitwege. Nach Neu Isenburg hin findet man hier gleich zwei schöne Waldweiher, den Försterwiesenweiher und den Kesselbruchweiher.

Der Bach vom Mörderbrunnen, der von hier aus zur Oberschweinstiege führt (siehe auch GrünGürtel Obersschweinstiege), durchfließt den Wald nach Westen hin. Das naturbelassene Unterholz bietet spannende Naturansichten vom Kommen und Vergehen der Flora und Fauna. Allerdings sucht der Bachlauf nach seiner Renaturierung noch nach seinem endgültigen Bett und verwandelt dabei das Unterholz zu einer äußerst schlammigen Angelegenheit. Mit dem Wald vertraute Hundehalter verwehren ihren Tieren an dieser Stelle den Zugang zum Wasser, denn zurückkommen schwarz verschlammte Tölen. Besser man geht bis zu den Seen und meidet den Bach.

Apportieren am Kesselbruchweiher

Beide Weiher bieten für Hunde einen Einstieg ins Wasser, wobei es am Försterwiesenweiher mehr und flachere Einstiege gibt. Hingegen fanden die Hundehalter mit denen wir

sprachen den Kesselbruchweiher als den schöneren. Möglicherweise, weil er mit einer kleinen Insel in der Mitte und Seerosen aufzuwarten hat.

**Beschaffenheit:** sehr schöner Mischwald, naturbelassenes Unterholz, zwei Seen, Bachlauf
**Größe:** Hunderunde stundenlang
**Boden:** befestigte Hauptwege teils Kies, teils Sand und viele unbefestigte Wege.
**Wasserzugang:** am Försterwiesenweiher und am Kesselbruchweiher.
**Sauberkeit:** sehr sauber
**Papierkörbe:** selten
**Sitzgelegenheiten:** vereinzelt
**Parkplätze:** sehr viele
**Verkehr:** die Darmstädter Landstraße trennt das weitläufige Waldgebiet von der Oberschweinstiege. Radfahrer sind zumeist zwischen Sachsenhausen und Neu-Isenburg unterwegs
**Gassibeutel-Station:** keine
**Beleuchtung:** keine
**Kaninchen- und Wilddichte:** für ein Waldgebiet eher gering aber vorhanden.
**Rechtslage:** Frankfurter Stadtwald, keine Leinenpflicht
**Gastronomie in der Nähe:** ja
**Besonderheiten:** zu den großen Straßen hin ist das Waldgebiet umzäunt und mit Toren gesichert um Wildunfälle zu vermeiden. Das kommt auch manchen Hundhaltern zugute

Der Bach vom Mörderbrunnen mäandert durchs Unterholz, hier noch befestigt, tiefer im Dickicht wird es schlammig

## 34 – Riederwald

Der Riederwald liegt zwischen der Siedlung Riederwald, der A 661 und den
Gleisanlagen des Ostbahnhofes. 1913-
1914 wurde er als Waldpark aus der
forstlichen Nutzung genommen. Der
kleine Wald wird von zahlreichen Wegen durchzogen, in seiner Mitte findet
sich eine hübsche Lichtung, die ehemals ein Spielplatz war.

Am Waldrand befinden sich Sportanlagen, ein Freiluftbad (das für Hunde
verboten ist) und eines der Abenteu-
erspielplatz Riederwald e.V. Gelände. Dort können Hunde im schattigen Wald vor dem Gelände ausruhen,
während die Kleinen im betreuten
Spielplatzgelände toben und wer-
keln.

Viele Wege durchziehen den Riederwald

**Beschaffenheit:** kleines Waldgebiet
**Größe:** Hunderunde bis zu 1 h
**Boden:** befestigte und teils asphaltierte Waldwege
**Wasserzugang:** nein
**Sauberkeit:** sehr sauber
**Papierkörbe:** keine
**Sitzgelegenheiten:** vereinzelt
**Parkplätze:** in umliegenden Straßen & am Nettomarkt
**Verkehr:** hohes Radfahreraufkommen auf der Kirschenallee, die den Wald quert, sonst
kein Verkehr
**Gassibeutel-Station:** keine
**Beleuchtung:** keine
**Kaninchen- und Wilddichte:** Kaninchen kommen vor
**Rechtslage:** Grüngürtel Frankfurt, keine Leinenpflicht
**Gastronomie in der Nähe:** keine, ein Kiosk

## 35 – Schwanheimer Ufer

Westlich von Schwanheim beginnt ein großes Gebiet aus Feldern, Wiesen und Schrebergärten, das zum GrünGürtel Frankfurts gehört. Von der Innenstadt aus kommend beginnt es mit einem schmalen Grünstreifen, der am Mainufer entlang führt. Das Mainufer ist hier durchgängig von alten Bäumen und Büschen bestanden. Parallel dazu führt ein befestigter Kiesweg, gesäumt von Wiesenflächen. Auf diesem Weg ist das Radfahreraufkommen ziemlich hoch. Sitzgelegenheiten finden sich in regelmäßigen Abständen. Das Mainufer ist in diesem Bereich recht steil und das Flussbett mit großen Wackersteinen ausgekleidet, was den Zugang für Hunde schwierig macht. Nach einigen hundert Metern öffnet sich das Gelände und ermöglicht Spaziergänge zwischen den Wiesen und Feldern. Allerdings sind hier kaum Bäume bzw. Schatten zu finden.

Schwanheimer Ufer

Auf der Höhe von Ffm-Höchst überquert eine Fähre den Fluss, an der Anlegestelle führt eine Rampe ins Wasser, die Hunden idealen Wasserzugang ermöglicht. Zur Fähre hin führt eine Straße durch das Gebiet, jedoch mit geringem Verkehrsaufkommen. Südlich der Felder und Wiesen befindet sich das Naturschutzgebiet Schwanheimer Düne, das für Naturfreunde absolut besuchenswert ist (siehe auch Ausflug Schwanheimer Düne).

**Beschaffenheit:** alte Bäume am Mainufer, Wiesen und Felder
**Größe:** Hunderunde stundenlang
**Boden:** befestigter Kiesweg, Wiese, teilweise asphaltierte und betonierte Wirtschaftswege
**Wasserzugang:** ja
**Sauberkeit:** sauber
**Papierkörbe:** einige entlang des Mainufers
**Sitzgelegenheiten:** einige entlang des Mainufers
**Parkplätze:** viele
**Verkehr:** Höchster Weg (Tempo 30)
**Gassibeutel-Station:** keine
**Beleuchtung:** keine
**Kaninchen- und Wilddichte:** Kaninchen kommen vor
**Rechtslage:** GrünGürtel also keine Leinenpflicht

# Die Freuden der Pflicht – besuchenswerte Gebiete an der Hundeleine

### 36 – Goldsteinpark

Adresse: Ffm-Schwanheim, zwischen Tannenkopfweg und Tränkweg

Schöne Bäume bestimmen den Charakter des Goldsteinparks

Das Gelände des Parks geht auf das zwischen Niederrad und Schwanheim gelegene Hofgut des alten Geschlechts derer von Goldstein zurück. Heute ist das gräfliche Herrenhaus im spätklassizistischen Stil Sitz eines Altenbegegnungszentrums. Der sechs Hektar große Park steht unter Denkmalschutz, und besticht mit sanft hügeligen Wiesen und schönen alten Bäumen.

Der Schwarzbach begrenzt den Park nach Norden und Westen. Dort weitet er sich zu einem Teich, um dahinter als schmaler Bachlauf weiterzufließen. Allerdings warnt ein Schild vor der Wasserqualität, so dass man Hunde dort besser nicht ans Wasser lässt. Im gesamten Park herrscht Leinenpflicht.

**Beschaffenheit:** gepflegte Parkanlage mit alten Bäumen, Büschen und Rasenflächen
**Größe:** Hunderunde bis zu ca. ¾ h
**Boden:** Rasen, befestigte Sand- und Kieswege
**Wasserzugang:** nein
**Sauberkeit:** sehr sauber
**Papierkörbe:** sehr viele
**Sitzgelegenheiten:** sehr viele
**Parkplätze:** rund um den Park herum
**Verkehr:** kein Verkehr
**Gassibeutel-Station:** keine
**Beleuchtung:** keine
**Kaninchen- und Wilddichte:** nahezu keine
**Rechtslage:** Leinenpflicht
**Gastronomie in der Nähe:** ja

# 37 – Grüneburgpark

Eigentlich gibt es laut der Stadtverwaltung im Grüneburgpark eine ausgewiesene Hundefreilauf-fläche. Dennoch haben wir diese schöne Region unter leinenpflichtige Gebiete eingeordnet, denn wir halten es für eine Provokation. Der Grüne-burgpark kann sich ohne rot zu werden einen der schönsten Parks Frankfurts nennen. Die aus-gewiesene Hundefreilauffläche innerhalb des Parks sollte der Stadtverwaltung allerdings die Schamesröte ins Gesicht treiben.

Fürsorgliche Diskriminierung bzw. Inhaf-tierung?

Der Grüneburgpark ist eine 29 Hektar-Anlage im Westend. Hier stand ehemals der Gutshof Grüne Burg. Es ist der drittgrößte Park in Frankfurt.

Das leicht ansteigende Gelände glänzt mit exotischem und teils 100 Jahre altem Baumbe-stand, weitläufigen Wiesen – auf denen jede Art von Ballspiel erlaubt ist –, einer sehens-werten griechisch-orthodoxen Kirche, einem zierlichen Pförtnerhäuschen und dem acht-eckigen klassizistischen Schönhof-Pavillon, in dem heute das Parkcafé untergebracht ist.

Im Sommer finden im Park zahlreiche Open-Air-Veranstaltungen statt und jüngstes High-light ist der koreanische Garten am Ostrand des Parks, gleich neben der Hundefreilauf-fläche – ein Sandplatz in der Größe einer Singlewohnung. Zudem ist der Boden teilweise mit Wackersteinen bedeckt. Als Luxus kann gelten, dass er mit einer Wasserpumpe und drei Parkbänken ausgestattet ist. Unter den Hundehaltern im Park, die wir zu diesem Zu-stand befragt haben, geht die Legende um, dass Joschka Fischer (Bündnis 90/ die Grü-nen) – nachdem er in den 60ern Pflastersteine gegen Bonzen geworfen hatte und in den 80ern mitregieren durfte, in Frankfurt am Main (für alle Parks in denen er gerne joggte) Restriktionen für Hunde durchsetzte. Das war, bevor er in Berlin Außenminister und Vi-zekanzler wurde. Angeblich geht das absolute Hundeverbot im Günthersburgpark ebenso auf sein Wirken zurück wie auch die befremdliche "Frei"-lauffläche im Grüneburgpark.

**Beschaffenheit:** schöne Parkanlage mit altem und teils exotischem Baumbestand
**Größe:** Hunderunde an der Leine ca. 1 ½ h
**Boden:** befestigte Kieswege, ausgedehnte Wiesen und schöner alter Baumbestand im Park. Sand und Wackersteine im Hundesperrgebiet.
**Wasserzugang:** nur auf der eingezäunten Hundefreilauffläche in Form einer Wasserpumpe
**Sauberkeit:** sauber
**Papierkörbe:** viele

Eine Kirche mitten im Park? Ja, diese ist griechisch-orthodox.

**Sitzgelegenheiten:** viele
**Parkplätze:** wenige
**Verkehr:** kein PKW-Verkehr, sehr viele Jogger und auch reger Fahrradbetrieb bei schönem Wetter
**Gassibeutel-Station:** keine
**Beleuchtung:** keine
**Kaninchen- und Wilddichte:** keine
**Rechtslage:** im Park Leinenpflicht, im Hundesperrgebiet natürlich „frei"
**Gastronomie in der Nähe:** am Wochenende ja
**Besonderheiten:** Hunde werden hier weggesperrt bevor sie von der Leine dürfen

Blick auf die Skyline

# 38 – Lohrberg - Park in Seckbach

Prachtvolle alte Bäume rahmen große Wiesenflächen und prägen das Bild der höchstgelegenen Parkanlage Frankfurts. Vom Parkplatz aus führt eine Kirschbaumallee an Kleingärten vorbei bis zu großen Spiel- und Liegewiesen. Vom Aussichtspunkt am Kastanienrondell, 180 Meter über Meereshöhe, hat man eine phantastische Aussicht auf die Mainmetropole, die Mainebene und den Taunus. An dem sonnigen Südhang liegt Frankfurts einziger städtischer Weinberg. Westlich davon erstreckt sich eine große Wiese über den Hang.

Rund ums Jahr bietet der Lohrpark viel Platz für Sport und Spaß. Hier treffen sich die Frankfurter zum Picknick, machen Rast auf einer Wanderung von Seckbach oder Bergen. Es gibt auch eine große Grillwiese, bei schönem Wetter optimal. Mal einen Tag frei? Ja, dann den Hund schnappen, Grillgut einpacken und auf zum Lohrberg! Im Herbst steigen Drachen in den Himmel, und wenn es im Winter schneit, lässt sich von den Hängen prima rodeln. Silvester kommen viele Frankfurter hier herauf und begrüßen das neue Jahr mit einem unvergleichlichen Blick auf ihre vom Feuerwerk bunt erleuchtete Stadt. Im Park herrscht Leinenpflicht und aufgrund des hohen Besucheraufkommens sollte man sich auch daran halten. Die Spielwiesen hingegen bleiben zumeist ungenutzt und eignen sich perfekt, um mit seinem Hund abseits des Trubels zu trainieren und Ball oder Frisbee zu spielen (Vorsicht, Leinenpflicht).

**Beschaffenheit:** gepflegte Parkanlage, schöner Baumbestand, Büsche, Wiesen, Kinderspielplatz
**Größe:** Hunderunde bis zu 1 h
**Boden:** Asphaltierte und feste Kieswege
**Wasserzugang:** nein
**Sauberkeit:** schwankend, da viele Grillfreunde an sonnigen Tagen viel Müll produzieren und ihn leider oftmals nicht mitnehmen
**Papierkörbe:** viele
**Sitzgelegenheiten:** viele
**Parkplätze:** am Lohrberg-Park
**Verkehr:** ruhig, das Gebiet ist allerdings von zwei vielbefahrenen Straßen umgeben
**Gassibeutel-Station:** am Parkeingang
**Beleuchtung:** keine
**Kaninchen- und Wilddichte:** Kaninchen kommen vor
**Rechtslage:** Leinenpflicht
**Gastronomie in der Nähe:** ja

## 39 – Ostpark

Innerhalb des Ostparks gibt es – entgegen der Behauptungen der Stadt – keine Freilaufwiese für Hunde. Die ausgewiesene "Freiauffläche" ist ein schmaler kurzer Grünstreifen entlang der Straße und den Parkplätzen gegenüber des Parks. Der Ostpark ist einer der wenigen Parks,

Große Wiese und schöne Bäume bestimmen den Charakter des Ostparks

die im Ruf stehen, streng kontrolliert zu werden (nach Frankfurter Verhältnissen). Zudem ist im Sommer neben dem Ordnungsamt und der Stadtpolizei auch die Polizei sehr häufig vor Ort, da die islamischen Clans ihre Streitigkeiten offenbar gerne hier austragen. Wir waren an einem Sonntag im vielbesuchten Park und sprachen mit Hundehaltern. Prompt rückten zur Bestätigung der Aussagen die Polizei mit drei Einsatzwagen und Krankenwagen an. Empfehlung: bei schönem Wetter Hund unbedingt anleinen und größere Gruppen von auf der Wiese lagernden Familien besser meiden. In Herbst, Winter und Frühjahr gehört der Park den Hundehaltern wieder nahezu alleine – wie überall.

Eine sehr große Wiese, ein großen Weiher und üppiger Baumbestand prägen den Charakter des Frankfurter Ostparks. Spazieren, laufen, joggen, grillen, kicken, spielen oder einfach gar nichts tun: Die mehr als 32 Hektar große Anlage im Frankfurter Ostend bietet viele Möglichkeiten zur Freizeitgestaltung. Entlang schöner alter Erlen, Pappeln und Weiden führen Rundwege um Wiesen und den Weiher. Kleine Besucher finden einen Spielplatz, Toiletten sind auf dem Gelände vorhanden, ebenso ein Kiosk mit schattigen Plätzen an Tischen. Außerdem gibt es Sportanlagen für Fuß- und Basketball, eine Laufbahn und Tischtennisplatten. Seit 1986 steht Frankfurts erster weiträumiger Volks- und Landschaftspark unter Denkmalschutz. Er entstand 1907 bis 1911 im Zuge des Osthafen-Neubaus. Der Weiher wurde im ausgetrockneten Teil eines Mainaltarmes angelegt. Seine zwei Inseln, Auenlandschaften, Weiden, Schilfgras und Dünen bieten Kolonien von Enten, Gänsen, Schwänen, Wasser- und Singvögeln Unterschlupf und Nahrung. In dem Weiher leben Karauschen, eine in Hessen vom Aussterben bedrohte Karpfenart. Angeln ist natürlich verboten. In sehr kalten Wintern bietet der Weiher eine (meist nicht freigegebene) Eislauffläche und viel Spaß für Hunde.

**Beschaffenheit:** gepflegte Parkanlage mit Wäldchen, großen Wiesen, See, Bach

**Größe:** Hunderunde bis zu 1 ½ h

**Boden:** Rasen, befestigte Kies- und gepflasterte Wege

**Wasserzugang:** ja, sehr flache Ufer, Wasserqualität im Sommer bedenklich (Müll, tote Vögel und Algen im Wasser)

**Sauberkeit:** bei schönem Wetter unglaubliche Mengen an Unrat, ansonsten recht sauber

**Papierkörbe:** sehr viele

**Sitzgelegenheiten:** sehr viele

**Parkplätze:** rund um den Park herum

**Verkehr:** ruhig, wenig Radfahrer. Um den Park herum befindet sich eine vierspurige Straße und die Gleisanlagen des Güterbahnhofes

**Gassibeutel-Station:** keine

**Beleuchtung:** am Weg neben der Wiese

**Kaninchen- und Wilddichte:** nahezu keine

**Rechtslage:** Leinenpflicht

**Gastronomie in der Nähe:** Kiosk im Park, Tankstelle in unmittelbarer Nähe

Der Weiher wird gespeist von Grundwasser und aus dem Wassernetz der Stadt

## 40 – Solmspark

Mitten im Stadtteil Rödelheim, umflossen von Nidda und Mühlgraben, liegt der Solmspark. Ein beeindruckender alter Baumbestand und weitläufige Rasenflächen prägen das Bild des fünf Hektar großen Landschaftsparks.

Im Norden des Parks hat man die Grundrisse des klassizistischen Schlosses mit Pflastersteinen in der Wiese nachgezeichnet, dass hier stand bevor es 1943 von Bomben zerstört wurde.

Die Niddabrücke kurz hinter dem Zusammenfluß von Nidda und Mühlgraben

Eine botanische Baumrarität lässt sich in der Mitte des Parks bewundern: eine kaukasische Flügelnuss mit gigantischen 60 Metern Durchmesser und 20 Metern Höhe. Im Süden des Parks, wo Nidda und Mühlgraben zusammenfließen, öffnet sich der dichte Baum und Buschbestand am Ufer zum Wasser hin. An und auf der Brücke über die Nidda hat man einen wunderbaren Blick auf den Flusslauf und ins dichte Grün des Parks. In der Nähe der Brücke bieten sich auch flache Einstiegsstellen, die Hunden den Zugang zum Wasser ermöglichen. Von hier aus ist der Weg zum nahegelegenen Biegwald nicht weit, die Regionen trennen lediglich einige Schrebergärten (siehe auch Freilaufflächen Sternbrücke und Biegwald).

**Beschaffenheit:** gepflegte Parkanlage
**Größe:** Hunderunde bis zu 1 h
**Boden:** Nadel- und Laubbäume, Wiese, befestigte Kieswege
**Wasserzugang:** am Mühlgraben und im Süden auch zur Nidda
**Sauberkeit:** sehr sauber
**Papierkörbe:** viele
**Sitzgelegenheiten:** viele
**Parkplätze:** wenige
**Verkehr:** kein Verkehr, keine Inliner, wenig Radfahrer
**Gassibeutel-Station:** keine
**Beleuchtung:** keine
**Kaninchen- und Wilddichte:** gering
**Rechtslage:** Leinenpflicht

## 41 – Pferderennbahn Frankfurt-Niederrad

Das großzügige Gelände der Rennbahn befindet sich im Stadtteil Sachsenhausen-Süd, direkt an der Stadtteilgrenze zu Niederrad, keine drei Kilometer von der Innenstadt entfernt. Lassen Sie sich von 32 Hektar üppigem Grün mit integriertem Golfplatz faszinieren. Fiebern und wetten Sie mit bei spannenden Pferderennen vor dem Hintergrund der Frankfurter Skyline und erleben Sie außergewöhnliche Sport-, Kultur- und Eventveranstaltungen unterschiedlichster Art und Größe. Zum Beispiel findet seit dem Jahr 2000 der Renntag des Handwerks statt, an dem Sie – neben den Pferderennen – auch die Werke der Handwerker betrachten können. Hunde dürfen an der Leine mit auf die Rennbahn.

**Rennbahn Frankfurt**

Schwarzwaldstraße 125
60528 Frankfurt am Main
Tel.: 06190-50 63 60
Web: www.galopprennbahn-frankfurt.de

# Weiter weg
## Ausflugsziele rund um Frankfurt

Für Sie haben wir ein paar schöne Ausflugsziele in naher und etwas weiterer Umgebung Frankfurts zusammengestellt. Sei es eine ausnehmend schöne und interessante Gegend, Schwimmen mit Hund, Burgen, ein Zoo, ein Freilichtmuseum – es dürfte für jeden etwas dabei sein. Viel Spaß!

### 1 – Arboretum im Taunus

Lehrpfad zur Geologie

Zwischen den Gemeinden Sulzbach, Schwalbach und Eschborn befindet sich auf ca. 76 ha Fläche das Arboretum. So wird eine Sammlung lebender Bäumen und Sträucher bezeichnet, die die Arten-, Farb- und Formenvielfalt der Natur verdeutlicht und als Anschauungs- und Lehrobjekt dient. Hier finden sich über 600 Baum- und Straucharten aus den Regionen der nördlichen Erdhalbkugel. Das Besondere am Arboretum Main-Taunus ist, dass die großflächige Anlage es ermöglichte, nicht nur einzelne Gehölze, sondern ganze Waldgesellschaften anzupflanzen. Bei einem Rundgang von ungefähr zwei Stunden Dauer kann nun die Artenzusammensetzung zahlreicher Waldformationen von Mitteleuropa über Kleinasien, Japan und dem Himalaja bis hin nach China und Nordamerika besichtigt werden. Auch die in den Nadelwäldern des Westens Nordamerikas beheimateten Baumriesen, die Mammutbäume, können hier bestaunt werden. Allerdings brauchen diese Bäume, wie auch einige der Waldbilder, noch einige Jahre, bis sie die beabsichtigte Wirkung zeigen, denn sie befinden sich noch im Jungwuchsstadium und müssen bei starken Ausfällen auch zusätzlich neu angepflanzt werden.

Im Westen des Geländes wurde ein kleines Feuchtbiotop geschaffen, das durch seine kleinflächig wechselnden Strukturen aus Flach- und Steilufern, kiesigen und lehmigen Untergrund sowie eine Insel zahlreiche Lebensräume bietet.

Das Gelände der heutigen Waldparklandschaft diente ehemals der deutschen Luftwaffe, anschließend den Amerikanern als Flughafen. Nach Ende des Besatzungsstatus wurde die Bundesrepublik Deutschland Eigentümer der Flächen, die viele Jahre von der Bundespost, dem Technischen Hilfswerk und weiterhin von der US-Armee genutzt wurden. Im Jahre 1981 erwarb das Land Hessen eine Restfläche von 76 Hektar zur Schaffung eines ökologischen Ausgleichsraumes im Ballungsgebiet Rhein-Main und das Konzept des Arboretums wurde realisiert. Der im Jahr 2004 gegründete Förderverein Arboretum unterstützt den Hessen-Forst (der Eigentümer) bei dessen Aufgaben neben dem Einwerben von Spenden auch durch weitere Aktionen. Interessierte und Freunde des Arboretum Main-Taunus können somit an der Entwicklung des Arboretum Main-Taunus mitwirken.

**Beschaffenheit:** parkähnliche Anlage mit Wiesen und viel Baumbestand und Büschen
**Größe:** Hunderunde bis zu 2 h
**Boden:** befestigte Kieswege, Wiese
**Wasserzugang:** ja
**Sauberkeit:** sehr sauber
**Papierkörbe:** vereinzelt
**Sitzgelegenheiten:** sporadisch
**Parkplätze:** viele
**Verkehr:** kein Verkehr
**Gassibeutel-Station:** ja
**Beleuchtung:** keine
**Kaninchen- und Wilddichte:** mittel
**Rechtslage:** Hundefreilauffläche
**Gastronomie in der Nähe:** keine
**Besonderheiten:** Lehrtafeln zur Dendrologie (Wald- und Baumkunde)

## Waldhaus Arboretum Main - Taunus

Am Weißen Stein
65824 Schwalbach

Hauptkontaktadresse
Hessen-Forst Forstamt Königstein
Ölmühlweg 17
61462 Königstein im Taunus
Tel.: 06174 -92 86-0
Mail: ForstamtKoenigstein@forst.hessen.de
Web: www.arboretum-main-taunus.de

## 2 – Bischofsheimer Wald

Zwischen dem Fechenheimer Wald, dem Enkheimer Hang und dem Ort Maintal Bischofsheim setzt sich der Grüngürtel der Stadt fort. Allerdings gehört Bischofsheim nicht mehr zu Frankfurt. Vielerlei Wege durchziehen den Wald und ermöglichen ausgedehnte Spaziergänge und Radtou- ren mit Ihrem Vierbeiner. Am Gänseweiher gibt es schöne Badestellen für den Hund und sonnige Stellen für den Menschen, denn im Sommer spendet das dichte Blätterdach des Waldes so viel Schatten, dass man mitunter um Sonnenstrahlen froh ist. In der Nähe des östlichen Weierendes befindet sich ein uriger Kiosk mit Sitzgelegenheiten mitten im Wald. Im Westen führt der Fechenheimer Weg über die A 66 zur Region Fechenheimer Wald und schließt direkt an das GrünGürtel-Gebiet Enkheimer Hang an (siehe auch Fechenheimer Wald und Enkheimer Hang).

Die Uferstellen für Angler bieten auch Hunden guten Zugang zum Wasser.

**Beschaffenheit:** durchgängig Mischwald und Weiher

**Größe:** Hunderunde bis zu 1 ½ h

**Boden:** befestigte Kieswege, feste Waldwege, Schotterwege

**Wasserzugang:** Gänseweiher

**Sauberkeit:** sauber

**Papierkörbe:** vereinzelt

**Sitzgelegenheiten:** viele am Weiher, im Wald vereinzelt

**Parkplätze:** ausreichend

**Verkehr:** kein Verkehr

**Gassibeutel-Station:** keine

**Beleuchtung:** keine

**Kaninchen- und Wilddichte:** mittel

**Rechtslage:** Gemeinde Maintal Bischofsheim, Leinenpflicht

**Gastronomie in der Nähe:** ja

## 3 – Großer Feldberg

Der Große Feldberg ist mit ca. 878 m der höchste Berg des im Südwesten Hessens gelegenen Mittelgebirges Taunus. Er ist mit dem Auto eine gute halbe Stunde (ca. 34 km) von Frankfurt entfernt. An der Nordflanke des Berges verlaufen Abschnitte des Obergermanisch-Raetischen Limes. Es finden sich Parkplätze auf verschiedenen Höhen des Berges, so können Sie entscheiden, wie weit sie den Berg hinauflaufen wollen. Auf dem Gipfelplateau gibt es einen Kiosk und ein Restaurant, in denen Sie sich stärken können.

Blick vom Feldberg in den wunderschönen Taunus

Ganz in der Nähe befinden sich entlang des Limes Reste des römischen Kastells Kleiner Feldberg (Feldbergkastell). Machen Sie es Johann Wolfgang von Goethe gleich und besteigen Sie den Großen Feldberg, der zu allen Jahreszeiten ein beliebtes Ausflugsziel ist. Oben auf dem Plateau können Kinder auf einem Römerspielplatz spielen. Er ist optisch an römische Limeswachtürme angelehnt und Teil des Limeserlebnispfads.

Aufgrund des Höhenunterschiedes bestehen im Winter oft gute Wintersportbedingungen auf dem Feldberg, während in der Stadt nasse Kälte vorherrscht. Die Taunus Touristik Service e.V. hat daher eine Webcam auf dem Berg installiert, die ständig darüber informiert, ob sich ein Ausflug lohnt (www.taunus.info). Gerade auf den letzten Metern zum Gipfel kann man wunderbar auf den Wegen rodeln, aber Vorsicht: die Möglichkeiten verleiten oft zu langen Abfahrten - bedenken Sie jedoch den anschließenden Aufstieg. Auch zum Skilanglaufen laden die vielen Wanderwege rund um den Berg ein. Im Herbst und Frühjahr treffen sich die Drachenfreunde regelmäßig auf der großen Wiese hinter der Wetterstation und lassen die bunten Himmelsstürmer in den Himmel aufsteigen. Im Sommer bieten die dichten Wälder rund um den Berg guten Schutz vor allzuviel Sonne und die vielen Wanderwege immer neue Möglichkeiten zu ausgedehnten Wanderungen.

Winterimpressionen

### Großer Feldberg

61389 Schmitten
Web: www.schmitten.de
Webcam: www.taunus.info

## 4 – Felsenmeer im Odenwald

Im Lautertal im Odenwald, eine knappe Stunde von Frankfurt entfernt, an den Hängen des Felsberges erwartet Sie und ihre Vierbeiner das spektakuläre Naturdenkmal Felsenmeer.

Vor über 300 Millionen Jahren kollidierten hier zwei Kontinentalplatten und es bildete sich ein Gebirge. Die bei der Kollision ausgetretene Lava erstarrte und wurde in den folgenden Jahrmillionen durch Erosion und Verwitterung wieder abgetragen. Das flüssige Gestein hatte den Berg in viele große Stücke geteilt, die durch das Eindringen von Wasser vor ca. 50 Millionen Jahren noch weiter zerfielen und rund abgeschliffen wurden. Am Ende der letzten Eiszeit kamen mit dem Zurückweichen der Frostgrenze die nun freigelegten Blöcke in Bewegung, glitten die Täler hinab und bildeten so das heutige Felsenmeer. Soweit (stark verkürzt) die geologische Erklärung.

Nicht jeder Hund steht auf Freeclimbing ...

Wer das Felsenmeer von unten angeht, sollte etwas Kondition und gutes Schuhwerk mitbringen, um es bis ganz nach oben zu schaffen. Kinder, Erwachsene und Hunde haben viel Spaß dabei auf den Felsen herumzuklettern, ganz hartgesottene nehmen den Weg nach oben nur über die Felsen. Doch Vorsicht: Zwischen den Felsen befinden sich kleine und große Hohlräume, in die man leicht abrutschen kann (Kletterspaß ohne Schrammenrisiko gibt es eben nicht). Der Aufstieg über die Felsen dauert bis zu eineinhalb Stunden. Oben angelangt erwartet Sie ein Kiosk, an dem Sie sich stärken können.

... und wo bleibt meine Rindswurst?

Wer nicht über die Felsen klettern möchte, kann auch den seitlichen Serpentinenweg bis zum Kiosk hinaufgehen. Er beschreibt weite Bögen und durchquert dabei immer wieder den Felsstrom. Noch weiter bergauf erwartet die Kraxler das Wald-Höhen-Gasthaus. Der einfachste Einstieg für Familien mit Kinderwagen und älteren oder behinderten Personen ist der Parkplatz Römersteine in Beedenkirchen. Von hier aus können Sie auf ausgebauten Forstwegen die Brücke über das Felsenmeer oder den römische Werkplatz erreichen. Der Eintritt ist frei. Es wird gebeten, den mitgebrachten Müll im Sinne der Natur wieder mit nach Hause zu nehmen und dort zu entsorgen. Toiletten gibt es im Informationszentrum gegen eine kleine Nutzungsgebühr.

## Informationszentrum Lautertal

Seifenwisenweg 59
64686 Lautertal-Reichenbach
Tel.: 06354–94 01 60
Web: www.felsenmeer-informationszentrum.de

Das Felsenmeer liegt an der Beedenkirchener Straße, zwischen Reichenbach und Beeden-kirchen, großer Parkplatz am Ortsausgang von 64686 Reichenbach (Lautertal)

## 5 – Freilichtmuseum Hessenpark

Der Hessenpark ist ein Freilicht-museum in Neu-Anspach im Tau-nus, eine gute halbe Stunde (ca. 30 km) von Frankfurt entfernt. Er wurde 1974 gegründet und ist ein beliebtes Familienausflugsziel, Hunde sind herzlich willkommen. Mit seiner Sammlung von über 100 historischer Gebäude aus ganz Hessen sowie Führun-gen, Veranstaltungen und Ausstellungen ermöglicht das Freilichtmuseum eine interes-sante Zeitreise durch die ländliche Kulturgeschichte. Nutzung, Größe und Gestaltung der meist in Fachwerkbauweise errichteten Gebäude sind ganz unterschiedlich und reichen von Werkstätten und Ställen über bescheidene Kirchen und Schulen bis hin zu opulent verzierten Wohnhäusern. In vielen Gebäuden kann Handwerkskunst aus den letzten 400 Jahren betrachtet werden, manchmal sogar bei der Entstehung von Werkstücken auf den originalen Maschinen zugeschaut werden. Im Freilichtmuseum werden auf traditionelle Weise Getreide, Wein und Nutzpflanzen angebaut, bei der Tierhaltung geht es vor allem um die Erhaltung alter, vom Aussterben bedrohter Landrassen. Kulinarisches gibt es im Eintrittsbereich in verschiedenen historischen Läden mit ausgefallenen, nach alten Re-zepten hergestellten Leckereien. Es ist ein sehr schöner Rundgang durch den weitläufi-gen Park mit einem großen See, vielen Bänken und Schattenplätzen. Hundekotbeutel gibt es am Eingang und im Park, auch ausreichende die Möglichkeiten, diesen zu entsorgen.

### Freilichtmuseum Hessenpark

Laubweg 5
61267 Neu-Anspach
Tel.: 06081-58 80
Fax: 06081-588 127
Mail: service@hessenpark.de
Web: www.hessenpark.de
Öffnungszeiten: 9:00 - 18:00 Uhr

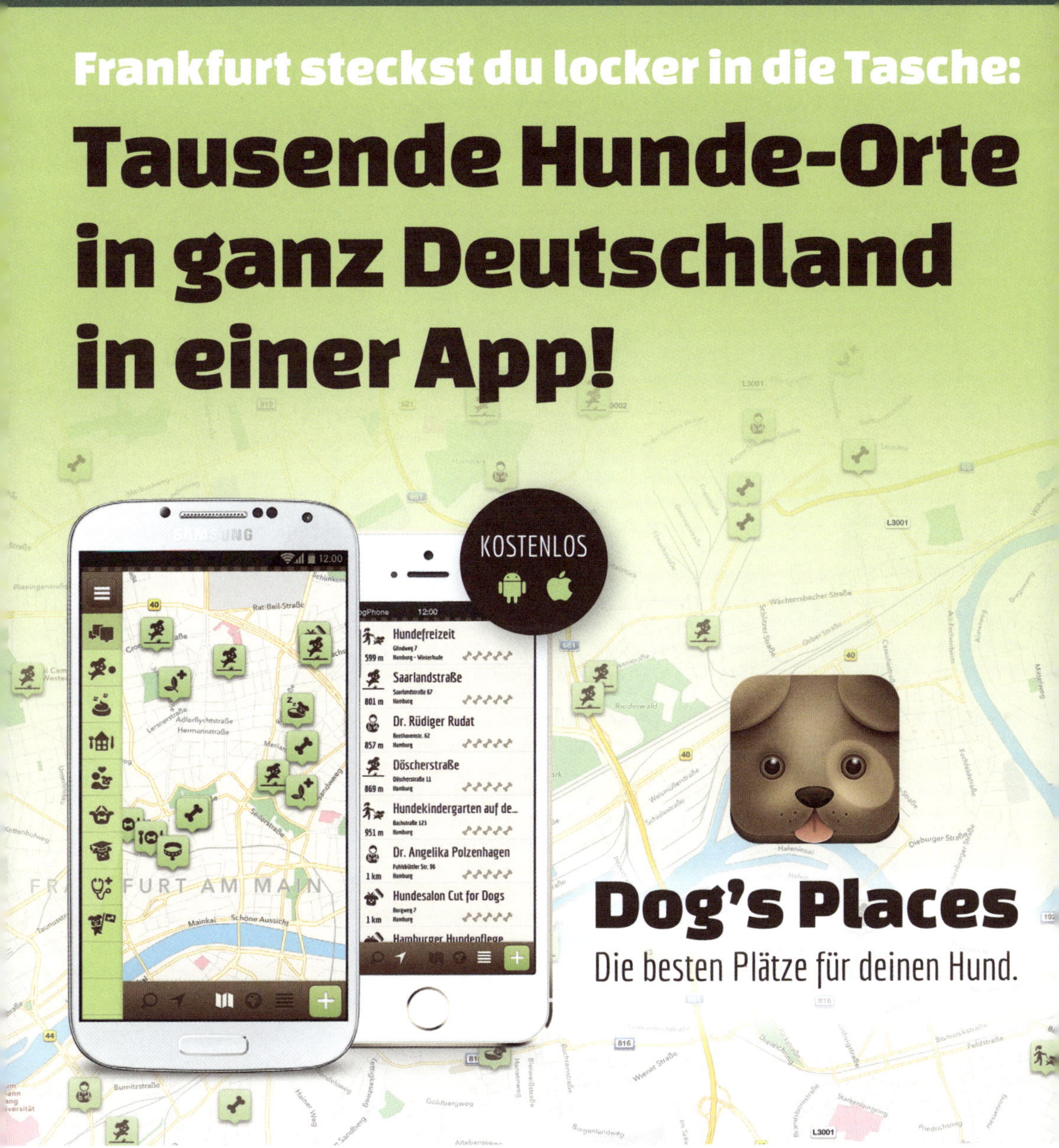
Frankfurt steckst du locker in die Tasche:
Tausende Hunde-Orte in ganz Deutschland in einer App!
KOSTENLOS
Dog's Places
Die besten Plätze für deinen Hund.

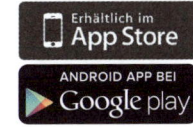

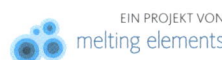

## 6 – Hochheimer Hundewiese

Unterhalb von Hochheim am Main bis nach Mainz-Kostheim befindet sich entlang des Mainufers ein großes Wiesengebiet. Von hohen Brücken getragen führen zwei wichtige Verkehrstrassen (die A 671 und eine Bahnlinie) über die Wiesen, PKW-Verkehr ist also nicht zu befürchten. Umsäumt wird das Gebiet von alten Laubbäumen und dichtes Buschwerk besiedelt die Wiesen. Ein gepflasterter Rad- und Fußweg führt oberhalb der Region auf einem alleenartigen Damm entlang und wird an schönen Tagen von sehr vielen Radfahrern frequentiert. In den Wiesen existieren ausschließlich Trampelpfade. Zwischen der Autobahnbrücke und der historischen Bahnbrücke finden sich in den leicht hügeligen Wiesen je nach Jahreszeit sumpfige Bereiche, in denen Weißstörche beobachtet werden können.

Hochheimer Hundewiese

Nach regenreichen Tagen und in Herbst und Winter verwandeln sich viele Bereiche der Wiesen und auch die Trampelpfade in eine recht schlammige Angelegenheit (festes Schuhwerk wird empfohlen). Das Mainufer ist hier auf weiten Strecken relativ steil und das Mainbett mit großen Wackersteinen ausgelegt, die den Wasserzugang erschweren. Dennoch bestehen ausreichend Stellen, vor allem in der Nähe Hochheims, an denen der Zugang gut möglich ist. All dies zeichnet das Gebiet als eine schöne Gegend aus, um mit seinem Hund spazieren zu gehen, doch solche Gebiete gibt es um Frankfurt herum zuhauf. Der Grund warum wir dieses Areal als Ausflugsziel empfehlen ist: nirgendwo im Rhein-Main Gebiet finden Sie eine höhere Dichte von entspannten Hundehaltern und Hunden. An manchen Wochenenden im Sommer treffen sich hier so viele, dass sich riesige Rotten von 30-40 Hunden bilden, die alle freilaufend miteinander auskommen und über die Wiesen toben. An diesem Erlebnis teilzuhaben und den Anblick zu genießen wünschen wir jedem Hund und jedem Hundebesitzer. Die örtlichen Landwirte sind jedoch über dieses Phänomen weniger erbaut (siehe Artikel: Warum Landwirte stinkig werden) und innerhalb der Stadt Hochheim am Main wird immer wieder darüber nachgedacht, die Wiesen für Hunde zu sperren. Dass viele Hundebesitzer jedoch auch die Gelegenheit nutzen, die liebevoll restaurierte Hochheimer Altstadt zu besuchen und in der örtlichen Gastronomie einkehren, sollte ebenfalls bedacht werden.

## 7 – Hundewald Alzenau

Der Alzenauer Wald wird stark von Erholungssuchenden und Sportlern frequentiert. Jogger, Nordic Walker, Mountainbiker und Radfahrer finden sich hier ebenso wie Spaziergänger und junge Familien. Stefan Oertel vom Forstamt Alzenau hat 2004 im Stadtwald am Stadtrand den „Hundewald" geschaffen, um Menschen und Hunden gleichermaßen ein entspanntes Walderlebnis zu ermöglichen. Er hat eine Schonung, in der Laubbäume heranwachsen und vor dem Verbiss durch Rehe mittels eines ca. 1,80 m hohen Wildzauns geschützt sind, für Hundehalter zugänglich gemacht. Dort können Hunde auf einer eingezäunten 10.000 qm großen Fläche jederzeit und kostenlos frei laufen und ohne das Wild zu gefährden sich austoben. Zugang erhält man durch eine Doppelschleuse, so dass die Tiere nicht durch versehentlich offen gelassene Tore weglaufen können.

Wie überall, wenn fremde Hunde in größerer Zahl aufeinanderstoßen, sollten diese sozial verträglich sein. Den Hundekot bitte beseitigen. Am Anfang des ca. 50 Meter langen Trimmpfades, dem Zugang zum Hundezaun, befindet sich ein Hundetütenspender, bitte nutzen Sie diese. Diese Verantwortung liegt beim Hundebesitzer!

Wozu ans Mittelmeer fahren

## 8 – Grüne Seen in Mühlheim

Ein wunderschönes Ausflugsziel in Mühlheim-Dietesheim sind die ehemaligen Steinbrüche, die sogenannten Grünen Seen. Von Frankfurt aus sind es knapp 16 Kilometer zu dem teilweise unter Naturschutz stehenden Naherholungsgebiet. In den Steinbrüchen mit elf Seen und insgesamt über 61 Hektar Wasserfläche sind im Rhein-Main-Gebiet einzigartige bizarre Felsformationen zu bewundern, entstanden durch den bis zum Jahr 1982 reichenden Basaltabbau. Rund 120.000 Bäume (hauptsächlich Eichen und Erlen) sowie beinahe 7.000 Sträucher wurden seitdem zur Rekultivierung des Gebiets gepflanzt.

Etliche seltene Tiere und Pflanzen haben sich in den letzten Jahrzehnten hier angesiedelt. Ausgeschilderte Wege führen rund um die Seen, durch Wald und Obstwiesen im Umland. Stege, Unterstände, eine Brücke und verschiedene Aussichtsplattformen mit Blick auf das tiefblaue bis smaragdgrüne Wasser sorgen für abwechslungsreiche Spaziergänge. Schwimmen und Bootfahren ist wegen der Verletzungsgefahr des felsigen Untergrunds der Seen und der schroffen, steil abfallenden Felswänden verboten. Das Verlassen der Wege im Bereich des Naturschutzgebietes ist der Natur zuliebe untersagt. Es gibt ausgewiesene Grillflächen und um die Seen herum verteilt ausreichend Sitzbänke, Papierkörbe und auch ein paar Tische. Zum Schutz der besonderen Flora und Fauna sind Hunde bitte an der Leine zu führen. Im Frühjahr 2008 wurden in einer aufwändigen Fangaktion ca. 2000 Mauereidechsen aus einem Baugebiet an die Steinbrüche umgesiedelt, doch um einen Blick auf sie erhaschen zu können, brauchen Sie ein bisschen Geduld. An einem der Seen befindet sich ein Restaurant von dessen Terrasse aus Sie, mit Blick aufs Wasser, die Fische springen sehen können.

## Naherholungsgebiet Grüne Seen

Rabenlohweg
63165 Mühlheim-Dietesheim

## 9 – Offenbach Bürgel-Rumpenheim

Gegenüber des Fechenheimer Mainbogens (siehe GrünGürtel Fechenheimer Mainbogen) liegt auf der Offenbacher Seite die größte Hundefreilaufregion von Offenbach am Main.

Das Mainufer zwischen den Stadtteilen OF-Bürgel und OF-Rumpenheim sind Hundefreilauffläche, auch wenn dies nur im Internet kundgetan wird. Zur Stadt hin ist der Hochwasserdamm vor dem Schultheissweiher die Grenze. Jenseits dieses Gebietes wird sehr streng kontrolliert wie überall in Offenbach. In keiner anderen Region Deutschlands wurde ich so oft vom Ordnungsamt ermahnt wie in Offenbach. Kein Vergleich zu Frankfurt. Am Mainufer entlang, oder zumindest parallel dazu, kann man hier ein bis zwei Stunden spazierengehen und viele andere Hundebesitzer treffen. Das Ufer ist gesäumt von alten Bäumen, das Hinterland besteht aus Feldern und Wiesen, die von Büschen und Bäumen unterbrochen werden.

Das Gebiet ist Überschwemmungsgebiet und dementsprechend im Süden von einem Hochwasserdamm begrenzt. Von Fechenheim aus gelangt man hierhin zu Fuß oder mit dem Rad über den Arthur von Weinberg Steg. Im Westen locken Spielplatz, Fußballplatz, Tennisplatz und zwei Gastronomen. 2012 hat die Stadt den maroden Uferweg saniert. Der neue glatte Asphaltweg verleitet leider Radfahrer und Inliner dazu anzunehmen, dass dieser Weg ihnen alleine diene, um neue Geschwindigkeitsrekorde aufzustellen.

Zwischen dem Uferbewuchs öffnen sich immer wieder Zugänge zum Main. Das Mainufer ist hier recht flach, allerdings mit großen Wackersteinen ausgebettet. Für agile Hunde kein Problem. Wer einen einfacheren Einstieg benötigt, der findet am Arthur von Weinberg Steg eine Rampe, ebenso beim Ruderverein in Richtung Bürgel und nahe Rumpenheim.

Hundefreilauffläche soweit das Auge reicht …

# Hochtaunus

Folgendes Ausflugsziel hat uns die Autorin Petra Pfeifer zur Verfügung gestellt. Sie ist gebürtige Frankfurterin, lebt aber seit vielen Jahren im Hochtaunus. Es war ihr Berner Sennenhund Merlin, der sie auf die Idee brachte, ihr Buch „Auf Schnupperkurs - Mit dem Hund im Hochtaunus" im Eigenverlag herauszubringen. Lust auf mehr? Dann schauen Sie sich einen der dort so liebevoll und schön bebilderten 27 Gassiwege an

Zwischen solchen Felsen, die auf der Bürgelplatte zu finden sind, lässt es sich wunderbar kraxeln

# 10 – Kronberg: Bürgelstollen

Blick auf den hübschen Viktoria-Tempel, der zu... Verweilen verführt

Auch rund um den Bürgelstollen und die darüber liegende Bürgelplatte lassen sich viele herrliche Spaziergänge entdecken. Einer unserer liebsten ist der Forstlehrpfad, der mal mehr, dann wieder etwas weniger steil zum Viktoria-Tempel führt. Auf dieser Etappe sind einige Schilder montiert, die etwas über die diversen Baumarten oder die heimische Vogelwelt verraten. Jenseits des hübschen Pavillons mit dem herrschaftlichen Namen geht es dann weiter bergauf und man erreicht die Bürgelplatte, auf der es sich wunderbar klettern lässt. Wie übrigens eine Informationstafel verrät, besteht die Platte aus einem ehemaligen vulkanischen Gestein, das als Grünschiefer bezeichnet wird und älter als 400 Millionen Jahre ist.

Wer dann irgendwann genug von der Kletterei hat, nimmt den kürzesten Weg wieder nach unten, der direkt gegenüber dem Viktoriatempel zu finden ist. Dann ist es, so richtig hungrig gelaufen, übrigens ein wahrer Genuss im Waldgasthof „Zum Bürgelstollen" einzukehren und nicht nur die Spezialitäten aus der Küche zu genießen, die wunderbar an Großmutters Küche erinnern. Denn auch wenn man hier nur bei ein oder zwei Getränken einen schönen Spaziergang ausklingen lassen möchte, so lässt sich außerdem die tolle Aussicht genießen, die über das Kronberger Schwimmbad bis hin zur Mainmetropole und jenseits davon bis zu den Höhenzügen des Odenwaldes reicht.

## Pferde-Pensionsbetrieb Reitanlage Sonnenhof

Wilhelm Seidenthal
Steinbacher Straße 36
61440 Oberursel
Tel.: +49 6171 78257
Fax: +49 6171 980962
Mobil: +49 172 9201925
E-Mail: info@reitanlage-sonnenhof.de
Web: www.reitanlage-sonnenhof.de

## Petra Pfeifer

Tel.: 06171-704701
Fax: 06171-704702
Mail: info@auf-schnupperkurs.de
Web: www.auf-schnupperkurs.de

## Hotel Landgasthof Weilquelle Eins

R. Odekerken
61389 Schmitten/Niederreifenberg
Tel.: 06082 451
Fax: 06082 929799
E-Mail: weilquelle-eins@t-online.de
Web: www.weilquelle.de

## Waldgasthof „Zum Bürgelstollen"

Bürgelstollen 1
61476 Kronberg im Taunus
Tel.: 06173-963620
Fax: 06173-963679
Web: www.buergelstollen.de

Sina sind die großen grauen Wesen nicht geheuer, sie weigert sich beharrlich hinzuschauen ...

## 11 – Opelzoo

Der Opel-Zoo ist neben dem Frankfurter Zoo der zweite größere Zoologische Garten im Rhein-Main-Gebiet und der bedeutend schönere und weitläufigere. 1956 auf Initiative von Georg von Opel als Forschungsgehege gegründet, ging er 2007 in einer Stiftung auf und finanziert sich ausschließlich durch Eintrittsgelder und Spenden. Mit rund 600.000 Besuchern gehört er heute zu den meistbesuchten Freizeit- und Kultureinrichtungen in Hessen. Im Opel-Zoo leben etwa 1.400 Tiere aus 200 Arten, alle Kontinente und Klimazone sind vertreten. Eine Besonderheit des Zoos sind die afrikanischen Elefanten, die einzigen Elefanten Hessens. Eine neue, moderne Elefantenanlage ist gerade im Bau und soll im Herbst 2013 fertiggestellt sein. Bis dahin sind in der neuen Halle nur zwei Elefanten anwesend, die anderen wurden vorübergehend an andere Zoos abgegeben.

Er ist einer der wenigen Zoos in Deutschland, in dem Hunde an der Leine mitgenommen werden dürfen. Als Eintritt (inkl. Hygienetüte) sind 0,50 Euro zu entrichten. Die Hygienetüten können an den gekennzeichneten Stationen an der unteren Kasse und am Drehtor bei den Guanakos entsorgt werden. Bitte in keinen anderen Mülleimern entsorgen! Der Zoo liegt in einem Waldgebiet zwischen Königstein im Taunus und Kronberg im Taunus in Hanglage unterhalb des Hardtbergs direkt an der Bundesstraße 455. Von Frankfurt aus brauchen Sie mit dem Auto keine halbe Stunde.

### Opelzoo

Königsteiern Straße 35
61476 Kronberg im Taunus
Tel.: 06137-32 59 030
Web: www.opel-zoo.de

... lieber Borstentiere besuchen.

## 12 – Ronneburg

Die in staufischer Zeit auf einem steilen Basaltsporn des südlichen Vogelsberges angelegte und 1258 erstmals urkundlich erwähnte Burganlage ist eine der wenigen im originalen Bauzustand des 16. Jahrhunderts erhaltenen Höhenburgen Deutschlands und zählt zu den bedeutenden Burgen in Hessen.

Der "Burgherr" auf der Wiese mit seinen Getreuen.

In früheren Zeiten diente sie dem Schutz der Handelsstraßen in der Mainebene und der Wetterau. Sie verfügt über einen 96 m tiefen Brunnen mit einem alten Tretrad, um das Wasser heraufzubringen. Der 30 m hohe Bergfried mit seiner „Welschen Haube" ist eine Besonderheit in der Region. Er kann bestiegen werden und bietet einen Ausblick von einigen Kilometern, bei schönem Wetter sogar bis nach Frankfurt. Die Burganlage beherbergt ein Museum und ein Restaurant.

Seit dem Jahre 2000 wird die Kernburg von dem Verein Freunde der Ronneburg e.V. betreut, der das Burgmuseum unterhält, viele kulturelle Veranstaltungen organisiert und die notwendigen Restaurierungs- und Sanierungsarbeiten durchführen lässt. Veranstaltungen und Events: Greifvogelschau (im Sommer täglich, keine Hunde erlaubt), Ritterturniere, wunderschöner historischer Weihnachtsmarkt, historischer Ostermarkt, mittelalterliche Mai-Märkte, Walpurgisnacht und Drachenkampf, Burgfestspiele, diverse Museumsveranstaltungen

Die Entfernung von Frankfurt aus beträgt ca. 40 Minuten. Um die Burg herum kann man wunderbar spazieren gehen und den Ausflug mit einer Erfrischung im Burgrestaurant abrunden. Hunde dürfen an der Leine mit ins Museum und in die Burg, sofern sie stubenrein sind. Ebenfalls bei der Ronneburg beheimatet ist übrigens eine Schule für Paragliding. Hier starten die Cracks am Hang in den Himmel und die Anfänger … naja. Für Hunde werden allerdings keine Kurse angeboten. Aber zusehen macht auch Spaß.

## Ronneburg

63549 Ronneburg (im Ort ausgeschildert)
Tel.: 06048-95 09 05
Mail: mail@burg-ronneburg.de

## 13 – Saalburg und Bad Homburg

Knapp 30 Kilometer von Frankfurt entfernt befindet sich das wieder aufgebaute Römerkastell und archäologische Museum Saalburg. Die Saalburg gehört zum UNESCO-Welterbe Limes, der ehemaligen Grenze zwischen den germanischen Stammesgebieten und dem Römischen Reich. Machen Sie sich bei einem Spaziergang durch die parkähnliche Anlage in der wunderschönen Taunuslandschaft ein lebendiges Bild von der Geschichte, Kultur und Lebensart einer Epoche, die nahezu 2000 Jahre zurückliegt. Rund um die Saalburg können Sie mit Ihrem Vierbeiner durch den herrlichen Taunuswald ca. 2,4 km spazierengehen (festes Schuhwerk wird empfohlen) und dabei archäologische Denkmäler und Rekonstruktionen (u. a. einen Teil des Limes, Limeszugang und römische Schanzen, Jupitersäule, Mithrasheiligtum) im Umfeld des Römerkastells betrachten. Im Anschluss können Sie ja auch noch durch das ca. zehn km entfernte malerische Bad Homburg schlendern. Besonders der ganzjährig geöffnete, wunderschöne Schlosspark mit seiner Rosenterrasse, dem Barockgarten mit Orangerie und den Teppichbeeten, ist sehenswert. Am Schloss begrüßt Sie der berühmte Weiße Turm (das Wahrzeichen der Stadt). Der Stadtbummel gleicht einer Zeitreise. Denkmäler, ganze Straßenzüge, Gebäude und die Parkanlagen künden von der glorreichen Vergangenheit Bad Homburgs als Sitz der Landgrafen von Hessen-Homburg und Sommerresidenz der deutschen Kaiser.

### Römerkastell Saalburg

Archäologischer Park
Saalburg 1
61350 Bad Homburg vor der Höhe
Tel.: 06175-93 740
Mail: info@saalburgmuseum.de
Web: www.saalburgmuseum.de

### Schloss Bad Homburg

Am Schloß
61348 Bad Homburg vor der Höhe
Tel.: 06172-92 62 148
Web: www.schloesser-hessen.de

## 14 – Schwanheimer Düne – Frankfurt mal mediteran

Die Schwanheimer Düne ist eine 58,5 Hektar große Binnendüne im Westen von Frankfurt-Schwanheim. Das Naturschutzgebiet besteht aus Sand-, Magerrasen- und Waldflächen sowie einigen kleinen Seen und beherbergt eine Vielzahl an seltenen und vom Aussterben bedrohten Tier- sowie Pflanzenarten. Ein Bohlenweg leitet Besucher durch das Gebiet. Somit können diese es erkunden, ohne den sensiblen Lebensraum der Tiere und Pflanzen zu verletzen. An besonderen Punkten entlang der Wege sind Erläuterungstafeln aufgestellt. Die Düne wird von Kiesteichen, Streuobstwiesen und Hecken umgeben, die hauptsächlich dem Vogelschutz dienen. Das Wäldchen in der Düne besteht aus kleinen und buschartigen Kiefern mit tief hängenden Ästen, die sonst in dieser Form nur an Meeresküsten vorkommen. Ebenfalls typisch ist der kaum bewachsene Boden, der teilweise von Polstern verschiedener Moose und Flechten bedeckt wird. Nördlich des Naturschutzgebietes gelangt man zum Schwanheimer Ufer, das zum Grüngürtel der Stadt gehört und wo Hunde frei laufen dürfen (siehe auch GrünGürtel Schwanheimer Ufer).

Auf hölzernen Stegen durch das fragile Ökosystem der Düne

Schwanheimer Düne

# Schwimmen mit Hund

## Pack die Badehose ein

Es war schwierig, im Frankfurter Gebiet eine Möglichkeit zu finden, gemeinsam mit dem Hund schwimmen gehen zu können. Natürlich gibt es etliche schöne Plätze am Main, an der Nidda und auch an ein paar Bächen (siehe Gassistellen Frankfurt), wo dies durchaus möglich ist, doch uns schwebte ein offizieller Badesee mit Hundestrand vor. Den suchten wir in Frankfurt und naher Umgebung leider vergeblich.

Etwas weiter weg wurden wir fündig. Wärmstens empfohlen wurde uns der Niedernberger See, ca. 48 bis 58 Kilometer von Frankfurt entfernt, je nach Route. Doch auch dort gibt es keinen offiziellen Strand für Hunde. Laut Stadt dürfen Hunde jedoch ins Wasser, bis auf ein paar in der Satzung genannte Stellen. Die Hunde sind zum Schutz der Wildtiere und anderer Besucher im gesamten Niedernberger Seengebiet an der Leine zu führen, die Exkremente sind (sollte eigentlich selbstverständlich sein, ist es jedoch leider nicht) zu entsorgen. Die Hunde dürfen im Bereich der Taucheinlässe nicht ins Wasser, ebenso nicht im Bereich des "Alten Badesees" und des Badestrandes "Honisch-Beach" (kommt nicht etwa von der hessischen Ausdrucksweise für Honig, sondern von der Mundart in der Region für: hab ich). Abgesehen davon bleibt jedoch noch sehr viel Strand-, Sand- und Wiesenfläche

zum Faulenzen und genügend Möglichkeiten, um gemeinsam mit dem Hund ins Wasser gehen zu können. Fazit: Durchaus lohnenswert für einen schönen Tagesausflug!

### Niedernberger See

Gemeinde Niedernberg
63843 Niedernberg

Auch die Grube Prinz von Hessen wurde uns bei unseren Recherchen mehrfach genannt. Offiziell herrscht da wohl Hundeverbot, was jedoch keinen zu kümmern scheint. Auf dem Verbotsschild steht: „Hunde und andere Tiere FREI laufen lassen!", was dann doch für ein Verbot recht seltsam ist. Wir haben eine Bekannte ohne Hund zum Recherchieren hingeschickt, sie sagte, der Strand war voller freilaufender Hund und (ebenfalls freilaufender) Menschen. Es gibt vorne am Strand viele flache Stellen, um ins Wasser zu gelangen. An anderen Stelle ist das Ufer recht steil, für fitte Hunde jedoch kein Problem.

### Grube Prinz von Hessen

Dieburger Straße
64409 Messel

# Trekking-Dogs
## Geführte Wandertouren mit Hund

„Als ich die erste Anfrage für eine Tour erhielt, war ich so aufgeregt, dass ich fast in Ohnmacht gefallen wäre", erzählt Andrea Preschl, die Gründerin und Inhaberin von Trekking-Dogs. Sie bietet liebevoll zusammengestellte Wandertouren für Mensch mit Hund in naher und auch etwas fernerer Umgebung Frankfurts an. „Wandern mit Hund, das ist die Natur pur erleben, auf dem Weg sein, neue Leute kennenlernen, sich auch mal körperlich anstrengen, gemeinsam mit seinem Hund eine Herausforderung meistern, eine schöne Zeit verbringen, mit netten Leuten unterwegs sein."

Andrea Preschl kundschaftet mit ihrem Australian Shepherd Tony die Wanderrouten vorher aus und findet mit feinem Gespür immer interessante Wege. Sie begleitet ihre Wandergruppen auf allen Touren und kennt viele Schleichwege und kleine Abenteuer abseits der ausgetretenen Wege. Tony und auch Mann Willi sind bei fast allen Touren mit dabei. Während Willi mit seiner Kamera die schönsten Augenblicke festhält, sorgt Tony mit seinem ruhigen und gelassenen Wesen für Ruhe im Hunderudel (maximal acht bis zehn Tiere), ängstlichen Hunden gibt er Selbstvertrauen und die jungen Wilden ignoriert er einfach.

Die Halbtagestouren sind zwischen 8-12 km lang und dauern mit Pausen ungefähr drei bis vier Stunden. Durchschnittliche Tagestouren sind zwischen 12-18 km lang und

Andrea Preschl mit Tony

man sollte den ganzen Tag dafür einplanen. Bei mehrtägigen Touren wird in hundefreundlichen (zuvor persönlich getesteten) Hotels oder Ferienwohnungen übernachtet, bei Etappenwanderungen wird nur mit leichtem Tagesrucksack gewandert. Das übrige Gepäck wartet schon im nächsten Hotel. Transfers zwischen einzelnen Etappen werden mit dem Taxi oder dem Dogs-Shuttle, manchmal mit öffentlichen Verkehrsmitteln (Bus, Bahn) oder mit Schiff bzw. Fähre bewältigt. Die Wege führen zum großen Teil über naturbelassene Pfade, manchmal auch querfeldein. Es werden aber auch Straßen gekreuzt und Städte durchquert. Manche Touren können zeitweise auf engen Pfaden über steile, felsige Passagen führen.

Am Altkönig

Zusätzlich bietet Trekking-Dogs auch noch Schnuppertouren an, eine Mischung zwischen Gassigehen und Wanderung. Sie dauern ca. eineinhalb bis zwei Stunden und sind vor allem für ältere oder jüngere Zwei- und Vierbeinern geeignet.

Eine Checkliste auf der Trekking-Dog-Seite zeigt Ihnen, ob Ihr Hund an den Wanderungen teilnehmen kann. Zum Beispiel müssen die Hunde sozial verträglich mit anderen Hunden und natürlich auch mit Menschen sein, sowohl an der Leine als auch im Freilauf. Alle teilnehmenden Hunde müssen haftpflichtversichert sein, gesund, geimpft und entwurmt. Mit Rücksicht auf die teilnehmenden Rüden, darf eine läufige Hündin nicht an den Wanderungen teilnehmen.

## Wie die Idee entstand

Die Idee zu Trekking-Dogs entstand bei einer Schwarzwaldtour mit Hund, als sie Wanderer traf, die bedauerten, ihren Hund zu Hause lassen zu müssen, weil ihnen die ganze Planerei zu kompliziert gewesen wäre. Da Wandern mit vierbeinigem Beglei-

ter noch viel schöner ist als alleine, wollte Andrea Preschl ihre Erfahrungen mit anderen „Hundemenschen" teilen. Sie überlegte sich ein Konzept, stellte Pläne auf, testete Wanderrouten, setzte sich mit Gasthäusern und Pensionen in Verbindung. Dann prüfte sie akribisch die Rechtslage und arbeitete sich durch die bürokratischen Hürden, um ein seriöser Reiseveranstalter werden zu dürfen. „Ich mache keine halben Sachen!", so Preschl. Sie entwarf ein Logo, ließ Flyer drucken und erstellte eine Website. Ohnmachtsanfälle bei Kundenanfragen sind mittlerweile nicht mehr zu befürchten, denn das Geschäft läuft gut. Die tolle Organisation und die liebevoll ausgearbeiteten Touren haben treue Anhänger gefunden und begeistern Neukunden. Zudem nimmt sich Andrea Preschl jedes Jahr eine Auszeit, um alleine mit Tony eine neue Tour zu erarbeiten.

### Trekking-Dogs

Holunderweg 57
60433 Frankfurt / Main
Mail: kontakt@trekking-dogs.de
Web: www.trekking-dogs.de

# Sporty Dogs

## Hundesport in Frankfurt

Ein Hund braucht einen Job. Eine Aufgabe, an der er lernen und wachsen kann und die ihm Befriedigung und Aufmerksamkeit verschafft. Viele Hunderassen wurden gezüchtet, um harte Arbeit und komplexe Aufgaben zu erfüllen. Auch wenn wir manchmal den Hund für sein sorgen- und stressfreies Leben beneiden, alleine mit dem täglichen Spaziergang sind unsere Tiere oft weit unterfordert. Aus dieser Erkenntnis heraus entstehen immer mehr Sportarten für Hund und Mensch, die meisten davon kommen aus den USA nach Europa. Im Folgenden stellen wir Ihnen ein paar der Sportarten vor, die in Frankfurt in Vereinen oder Hundeschulen angeboten werden. Auch wenn Ihnen die Treffen in Vereinen oder Kursen nicht zusagen sollten, so bieten die Schilderungen der Sportarten eine breite Palette an Ideen, was Sie auch alleine mit Ihrem Hund unternehmen können. Wir haben uns ein paar interessante Sportarten für Sie herausgepickt, natürlich gibt es noch etliche mehr.

### Abenteuerkurse

Wenn Sie Lust haben, mit ihrem Hund Zeit zu verbringen, Spaß zu haben und Neues zu erleben, dann buchen Sie doch mal einen Abenteuerkurs. Erleben Sie eine Mischung aus Agility, Tellington Bodenarbeit, Nasenarbeit, Grunderziehung, Rallye Obedience, Treibball, Longieren, Frisbeespielen, Scent Hurdle Race, Tricktraining, Dogdance und mehr. Ortsansässigen Hundeschulen in Frankfurt bieten Ihnen das! Abgerundet wird das Angebot noch durch jahreszeitliche Aktivitäten wie Schwimmen, Wandern und Suchen im Schnee.

### Agility (Wendigkeit)

Agility ist eine aus England stammende Hundesportart. 1978 entwickelte der Brite Peter Meanwell für eine Hundeshow einen Pausenfüller, dabei ließ er sich vom Pferdesport inspirieren und entwickelte ein Springturnier für Hunde. Dazu bastelte er hundgerechte Hindernisse und die ersten Regeln.

Die Begeisterung des Publikums war enorm. Schnell wurde Agility zum Selbstläufer und fand weltweite Ver-

Agilityparcours: Hürdenlauf

breitung. Kernstück ist die möglichst fehlerfreie Bewältigung einer Hindernisstrecke in einer vorgegebenen Reihenfolge auf Zeit, wobei der Hund vom Hundeführer leinenlos geführt wird. Agility gehört zu den weltweit etabliertesten modernen Hundesportarten und wird von vielen Hundesportvereinen angeboten. Ein Parcours kann aus 15 bis 22 verschiedenen nummerierten Hindernissen zusammengestellt sein, u. a. aus mehreren Hürden, Laufsteg/Passerelle, Tisch, Tunnel, Weitsprung, Wippe, Schrägwand, Reifen und Slalom.

Slalom

Hierbei ist zwischen dem „Jumping" und dem „A-Lauf" zu unterscheiden. Der Jumping besteht aus Sprunghürden, Weitsprung, Tunnel und Slalom, beim A-Lauf kommen Kontaktzonengeräte hinzu wie Wippe, Schrägwand und Laufsteg. Je nach Größe des Hundes wird die Höhe der Hindernisse angepasst. Der Hund läuft im Parcours frei (ohne Halsband und Leine) und darf vom Hundeführer während des Laufs nicht berührt werden. Er wird ausschließlich über verbale Kommandos des Hundeführers und dessen Körpersprache geführt. Agility ist kein Geschwindigkeitslauf, sondern ein Geschicklichkeitslauf. Hund und Mensch wird gleichermaßen Geschick, Schnelligkeit und Teamarbeit abverlangt. Jeder beobachtet den anderen und muss kleinste Hinweise seines Sportpartners beachten. Dieses Zusammenspiel wirkt sich auf die gesamte Mensch-Hund-Beziehung aus und beeinflusst diese positiv. Dieser Sport ist für die meisten Hunde geeignet. Voraussetzung ist ein guter Grundgehorsam und Gesundheit (keine Schädigung des Bewegungsapparates). Spaß und die sportliche Aktivität sind das Wichtigste beim Agility. Trainieren dürfen in den meisten Vereinen alle Hunde. Beim Turniersport sind nur reinrassige Hunde zugelassen.

Wichtig! Am Ende der Wippe muss angehalten werden ...

## Crossdogging

Crossdogging ist eine neue Hundesportart für fortgeschrittene Mensch-Hund-Teams,

in der Tricks und mehrere Sportarten (u. a. Agility, Distanzarbeit, verschiedene Hürden, Tricks, Apportieren, Gehorsam) miteinander verbunden werden. Nicht exzessives Arbeiten, sondern gute Kommunikation und vielseitige Talente sind gefragt. Es gilt, verschiedene kniffelige Aufgaben in einer bestimmten Zeit sauber und konzentriert zu bewältigen. Das Alter, das Geschlecht und die Rasse des Hundes spielen beim Crossdogging keine Rolle. Auch Hunde mit körperlicher Einschränkung können daran teilnehmen, werden aber hier und da etwas zurückstecken müssen.

Das Besondere am Crossdogging ist, dass deutschlandweit in den teilnehmenden Hundeschulen die gleichen Übungen pro Woche gemacht werden. Wer möchte, kann sich in einem Ranking platzieren. Pro Hundeschule können fünf Teams teilnehmen. Die Aufgaben, die Materialliste und der Zeitablauf werden den teilnehmenden Hundeschulen wöchentlich zugeschickt und parallel auch in anderen Hundeschulen durchgeführt.

## Dummytraining (Jagdersatzarbeit mit Attrappen)

Die Arbeit mit Dummys ist eine Hundesportart, die (wie so viele andere) aus England stammt und sich in Deutschland immer größerer Beliebtheit erfreut. Mit einem konsequent aufgebauten Dummytraining wird dem Instinktverhalten des Hundes Rechnung getragen, da Hinterherrennen bzw. Suchen und Apportieren zum natürlichen Jagdverhalten des Hundes gehören. Dabei wird gleichzeitig Unterordnung

Bleibt der Hund wenn der Dummy fliegt?

aufgebaut. Dummyarbeit gibt dem Hundeführer die Möglichkeit mit seinem Hund als Team zusammenzuarbeiten. Es fördert die Mensch-Hund-Beziehung, bringt jede Menge Spaß und bietet dem Hund eine artgerechte, sportliche und vor allem auch geistige Beschäftigung. Der Hund wird im Gelände zum waidgerechten Apportieren ausgebildet, wobei statt der angeschossenen oder toten Jagdbeute eine Attrappe (Dummy) verwendet wird. Diese besteht meist aus Segeltuchbzw. Canvasstoff-Säckchen, die mit Kunststoffgranulat oder Sägemehl gefüllt sind und auch mit Duftstoffen versetzt werden können. Durch abwechslungsreiches Gelände und unterschiedlichste Apportieraufgaben ist dies eine sehr anspruchsvolle, interessante und abwechslungsreiche Arbeit für den Hund, die ihn körperlich und geistig fordert. Gut einsetzbar ist Dummytraining auch zur systematischen Desensibilisierung, wie z. B. bei Leinenaggression, Angstverhalten, unkontrolliertem Jagen und Alltagssozialisierung.

Die gesamte Dummyarbeit baut auf den drei Grundpfeilern Markieren, Einweisen

und Suchen auf. Diese drei Teilbereiche können miteinander unterschiedlich kombiniert werden und dadurch viele neue interessante Aufgaben geschaffen werden.

Markieren: Der Hund soll die Flugbahn des "geschossenen Vogelwildes" – den Wurf des Dummys – aufmerksam verfolgen und sich die Fallstelle merken (markieren). Er sollte die Fähigkeit haben, die Entfernung zur Fallstelle einzuschätzen, auch wenn er die Flugbahn nur teilweise beobachten kann. Oftmals liegt die Fallstelle verdeckt im Geländebewuchs. Ein gut trainierter Hund ist fähig, sich mehrere Fallstellen (Markierungen) gleichzeitig, auch über einen längeren Zeitraum hinweg, zu merken und sie nach Kommando nacheinander abzuarbeiten.

Beim Einweisen lenkt der Hundeführer den Hund mit Hilfe von Stimme, Pfeife und Handzeichen möglichst auf direktem Weg in das Fallgebiet des Stückes. Der Hund ist bei dieser Arbeit über weite Strecken auf den Hundeführer angewiesen und sollte gehorsam und exakt auf die Hilfen und Richtungsangaben reagieren. Wenn er im Zielgebiet angekommen ist, beginnt er auf Anweisung mit der selbstständigen Suche. Bevor mit dem Dummytraining begonnen wird, sollten dem Hund bereits die Grundlagen eines sicheren Gehorsams vermittelt worden sein. Voranschicken, Rechts- und Linksschicken, Zurückschicken, Zurückkommen und Stoppen muss er beherrschen. Die benötigten Hör- und Sichtzeichen für die Jagd können dann durch kontinuierliches Training hinzu erlernt werden.

Unter Suchen (Verlorensuche), versteht man einen Apport, bei dem der Hund nicht und der Hundeführer nicht genau weiß, wo die Fallstelle liegt. Der Hund soll hierbei durch selbstständiges Suchen den Dummy finden. Viele Verlorensuchen finden in hohem Bewuchs statt, wo es dem Hund nicht mehr möglich ist, von seinem Menschen unterstützt zu werden. Darüber hinaus besteht die Möglichkeit, dass nur der Hundeführer das Wild markieren konnte. Dann muss der Hund auf die Fallstelle eingewiesen werden und dort auf Befehl suchen.

Eine beeindruckende Arbeit mit Dummys erlebten wir bei Victoria Germann (Verhaltensschulung für Mensch und Hund). Auf dem weitläufigen, sehr schönen Heiligenstockgelände (siehe GrünGürtel Heiligenstock) zeigte sie uns, wie viel Spaß einem Hund (und seinem Menschen) dieser Hundesport machen kann. „Es geht darum, den Hund seinen Trieb ausleben zu lassen, aber in kontrollierter Form."

Ihre Philosophie? „Ein ausgelasteter Hund ist auch ein glücklicher und zufriedener (Familien-) Hund!" Hundeerziehung und -ausbildung funktioniert bei ihr ohne Druck, Zwang oder gar Gewalt, sondern durch positive Verstärkung. Sie bietet das Training bereits für Welpen an, „denn je früher der Hund lernt, dass Beute teilen viel toller ist, als alleine damit abzuhauen", desto besser.

### Tipp

Das Dummytraining erweist sich in vielen Fällen als eine erfolgversprechende Möglichkeit, unerwünschtes Jagdverhalten zu kanalisieren und unter die Kontrolle des Hundehalters zu stellen.

Zwei, die Spaß haben!

## Dogdancing

Dogdancing ist eine Hundesportart, die ihren Ursprung in Amerika hat. Abstammend vom Obedience basiert sie auf einem gut funktionierenden Mensch-Hund-Team und stellt hohe Anforderungen an dieses. Der Hund muss sehr aufmerksam und konzentriert sein, auf Gesten und leise Kommandos verstehen und sofort umsetzen. Aber auch dem Halter verlangt es Konzentration ab, wenn er sich alleine oder in der Gruppe mit dem Hund zur Musik bewegen möchte.

Dogdancing vereint Elemente aus Obedience mit speziellen Kunststücken zu einer tänzerischen Choreographie. Typische Kunststücke sind Beinslalom, Rückwärts gehen, Seitengänge und Traversale, Drehungen, Pfotenarbeit, Sprünge über oder durch die Arme des Hundeführers, Männchen machen und Polonaise laufen. Pflichtfiguren gibt es keine, der Phantasie sind keine Grenzen gesetzt. Die Tanzfiguren werden im Rhythmus der Musik teils miteinander, teils auf Distanz getanzt.

Ziel beim Dogdancing ist es, mit seinem Hund eine harmonische Choreographie – einzeln oder in einer Gruppe – zu einem Musikstück zu erarbeiten, bei der der Hund im Vordergrund steht. In vielen Teilen Europas finden regelmäßig internationale Dogdance-Turniere statt. Diese Hundesportart ist eine sehr gute Möglichkeit, die Aufmerksamkeit und die Kreativität des Hundes zu fördern und das Vertrauen und die Harmonie zwischen Mensch und Hund zu vertiefen. Sie kann mit nahezu jedem Hund ausgeübt werden, egal ob groß oder klein, Rassehund oder Mischling. Auch Hunde und Menschen mit Handicaps oder Schwächen können Dogdancing betreiben. Durch das ausgewogene und vielfältige Training verbessern die Hunde ihre Koordination, das Gleichgewicht sowie ihren den Bewegungsablauf. Choreografien kann jeder persönlich mit seinem Hund erarbeiten, viel mehr Spaß und beeindruckender macht es jedoch mit Gleichgesinnten.

## Flyball

Ursprünglich aus Amerika stammend, verbreitete sich diese Hundesportart um 1900 über England nach Mitteleuropa. Flyball ist ein Sport für alle Hunde, die Größe oder Rasse ist egal. Im Turnier gleichen die Bedingungen einem Staffel-Hürdenlauf.

Beim Flyball werden vier Hürden in einer Reihe aufgestellt. Am Ende der Reihe steht

Flyballmaschine

eine Flyballmaschine. Die Hunde versuchen möglichst schnell über die vier Hürden zur Flyballmaschine zu gelangen. Die Höhe der Hindernisse richtet sich nach dem kleinsten Hund im Team.

An der Flyballmaschine angekommen drückt der Hund die Auslösetaster. Der Ball springt heraus. Er fängt ihn und rennt mit ihm über die vier Hürden zurück zu seinem dort wartenden Menschen. Bei den ersten Prototypen der Maschine flog der Ball bis zu drei Meter hoch, daher der Name Flyball.

Bei Wettkämpfen spielen zwei Mannschaften (wie beim Staffellauf) mit je vier Mensch-Hunde-Teams gegeneinander. Auf Grund der Schnelligkeit des Wettbewerbs ist diese Sportart ideal für Zuschauer. Beim Flyball spielt weder die Rasse, noch die Größe oder das Tempo des einzelnen Hundes eine Rolle, es zählt immer die ganze Mannschaft. Jede Mannschaft auf einem Turnier hat eine Chance in seiner Division zu gewinnen, da immer gleich starke Gegner am Start stehen.

## Longiertraining

Longieren für Hunde? Ist das nicht eher eine Sportart für Pferde? Das war mein erster Gedanke. Und ja, es ist sehr ähnlich, wobei beim Hundelongieren verschiedenartige Geräte und Hindernisse (z. B. Hürden, Wippen, Tunnel und Tische) eingebaut werden können und die Aufgabe für den Hund somit anspruchsvoll, interessant und spaßig zugleich wird.

Longieren ist eine abwechslungsreiche Sportart, bei der der Hund aus Distanz sowohl auf Hör- als auch auf Sichtzeichen reagieren muss. Zunächst arbeitet der Hund kreisförmig an einer Longierleine (später frei) außerhalb eines Zehnmeterkreises um seinen Besitzer herum. Während des Longierens richtet sich die ganze Aufmerksamkeit des Hundes auf den Menschen. Der Hund arbeitet in verschiedenen Gangarten (Schritt, Trab, Galopp), vollführt Richtungswechsel in den Gangarten undmuss die Grundbefehle auf Distanz ausführen (Sitz, Platz, Steh).

Je nachdem welchen Schwerpunkt Sie haben, geht es um Bindungs- und Konzentrationsarbeit, Körperschulung und Koordinationstraining durch Einbau von Geräten oder therapeutisches Longieren. Auch Hunde mit Problemen im Bewegungsapparat dürfen - nach Absprache mit Ihrem Tierarzt - longieren.

## Obedience (Gehorsam)

Obedience ist eine aus England stammende Sportart, die weder besondere Fitness des Menschen noch bestimmte Eigenschaften des Hundes erfordert. Unabhängig von Größe oder Rasse ist Obedience für jeden Hund geeignet. Im Gegensatz zu den meisten anderen Hundesportarten ist diese auch behinderten Menschen und Hunden zugänglich, denn körperliche Belastungen gibt es für Hund und Halter praktisch nicht. Auch ältere oder leicht behinderte Hunde können mitmachen, da deren Einschränkung bei der Bewertung berücksichtigt wird. Obediencetraining bedeutet Abwechslung und Vielfalt in den Übungen, Geduld und Freude an exakter, harmonischer und schneller Arbeit. Ein gut eingespieltes Mensch-Hund-Team ist Grundvoraussetzung.

Es gibt Einzel- und Gruppenübungen, in denen dem Hund vielfältige Aufgaben gestellt werden, u. a.

- Fußarbeit mit und ohne Leine in verschiedenen Gangarten sowie Winkel und Wendungen
- die Positionen "Steh, "Sitz" und "Platz" aus der Bewegung auszuführen
- Voraussenden des Hundes an eine exakt vorgegebene Stelle
- Eigenidentifikation (Geruchsunterscheidung an Gegenständen)
- Apportieren (auch von Metallgegenständen)
- Distanzkontrolle und Positionswechsel auf Distanz (Wechsel zwischen Sitz, Platz, Steh)
- sich neutral gegenüber anderen Hunden zu verhalten (Wesensfestigkeit)
- Routine im Umgang mit fremden Menschen sowie Vertrauen zu seinem Hundeführer zu bekommen
- Vorausschicken in eine Box (Quadrat aus vier Pylonen)
- Ablage (alle Hunde werden gleichzeitig abgelegt)

## Scent Hurdle

Diese Hundesportart ist in den späten 60er Jahren im Süden Kaliforniens entstanden, in Deutschland ist sie noch relativ unbekannt. Das Scent Hurdle Training ist eine Kombination aus Apportieren, Geschicklichkeit, Hindernislauf und Nasenarbeit und somit eine ideale Auslastung für den Hund. Er wird über vier Hürden geschickt, hinter denen eine Box mit einem Apportierholz mit dem Geruch seines Menschen (und auch Hölzer mit den Gerüchen anderer

Menschen) liegt. Hier angekommen, sucht der Hund das Holz seines Menschen heraus (zur Überprüfung ist es nummeriert). Hat er es gefunden, apportiert er es so schnell wie möglich über die Hürden zurück und der nächste Hund kann starten. Ein Helfer legt auf die nun leere Stelle ein neutrales Holz. Auch Hunde, die schon älter sind oder die ein Handicap haben, können Scent Hurdle Racing trainieren. Für sie werden die Hürden nur zehn cm hoch eingestellt.

Im Wettkampf oder auch nur zum Spaß im Training treten zwei Teams mit je vier Menschen samt ihren Hunden gegeneinander an. Der Durchgang ist beendet, wenn alle vier Hunde ihren Lauf absolviert haben. Das Team, dessen vier Hunde am schnellsten den Lauf absolviert haben, gewinnt diesen Durchgang. Beim Scent Hurdle Mix werden verschiedene Disziplinen kombiniert, aus Agility kommt zum Beispiel noch ein Tunnel hinzu oder/und ein Gymnastikball wird vom Hund um Menschen getrieben (aus Treibball), ein Slalom kann eingebaut werden. Das klingt nach Spaß!

## Treibball

Treibball ist ein interessanter Mix aus Fußball und Billard für Hunde. Es handelt sich nicht (wie es auf den ersten Blick den Anschein haben mag) um sinnloses Anschieben eines Balls, sondern vielmehr um eine intensive Zusammenarbeit zwischen Mensch und Hund und gemeinsame Kommunikation. Der Hund hat die Aufgabe acht große Gymnastiksitzbälle, die zu Beginn des Spiels dreiecksförmig auf dem Spielfeld liegen, auf entsprechende Richtungs- und Lautsignale möglichst zielgerichtet

in ein Handballtor (2 x 3 Meter) zu schubsen. Der Mensch gibt dabei die Richtung und die Reihenfolge der Bälle vor. Er steht am Tor und muss mit einer Hand immer einen Torpfosten berühren können. Einziges erlaubtes Hilfsmittel ist ein langer Stock, mit dem er die Bälle in der Nähe des Tores stoppen darf. Dafür haben die Teams 15 Minuten Zeit, manche schaffen es sogar in weniger als zwei Minuten. Es gibt Pluspunkte u. a. für schöne Teamarbeit und Minuspunkte für Fehler oder unerwünschtes Verhalten. Zunächst in erster Linie für Hüte- und Treibhunde gedacht, erfreut sich Treibball auch bei vielen anderen Hunden immer größerer Beliebtheit. Die verschiedenen Übungen zur Distanz- und Impulskontrolle sind auch im Alltag sehr hilfreich, denn der Hund lernt, sich auch bei Bewegungsreizen kontrollieren, stoppen und lenken zu lassen. Das Schöne am Treibball ist, dass dieser Sport auch mit Hunden ausgeübt werden kann, die aus gesundheitlichen Gründen andere Sportarten nicht ausüben dürfen. Und auch für Menschen, die aus den verschiedensten Gründen nicht gut zu Fuß sind, ist es eine tolle Sportart ist, bei der der Hund sich auspowern kann und man dennoch im Team mit ihm zusammen arbeitet.

## Trick Training

Suchen Sie nach Abwechslung für sich und Ihren Hund? Dann schauen Sie sich nach einer Hundeschule um (oder gehen Sie es alleine an, aber da macht es nicht so viel Spaß), in der Sie mit Ihrem Hund Kunststücke und Tricks erlernen können. Diese Sportart verspricht Spiel und Spaß, bietet geistige und motorische Herausforderungen für Mensch und Hund. Die Bandbreite der erlernbaren Kunststücke ist groß, lassen Sie Ihrer Phantasie freien Lauf. Unter anderem stehen zur Auswahl: sportliche Fußarbeit, Kreiseln um die eigene Achse, Winken, Kreise um Menschen laufen, Slalom durch die Beine vorwärts und rückwärts, Rückwärtsgehen, Seitwärtsgehen. Rückwärts-durch-die-Beine-Gehen, High Five, Verbeugen, Kriechen, Rollen, Pfoten geben, spanischer Schritt, sich schämen, Licht an- und ausmachen, Sprünge über und durch die Arme und Beine, Sprünge durch die Arme, Rolle, Diener, Kuckuck, auf den Füßen des Menschen mitlaufen, Tod stellen, Wäsche aufhängen, Zeitung holen, Koordinations-Training und noch vieles mehr.

# Die mit dem Wind spielen ...

## Hunderennen auf der Hunderennbahn

Eine familiäre Stimmung herrscht am Rande der Hunderennbahn. Im kühlen Schatten unter den hohen alten Bäumen parken Autos, Fenster und Heckklappen weit geöffnet. In Hundeboxen und an den Autos liegen wunderschöne Windhunde verschiedener Rassen. Ein kleines Gebäude mit überdachter Veranda lädt zum Sitzen im Schatten ein. Eine Sprenkleranlage bewässert den Sand der Rennbahn, es wird uns erklärt, das sei zum Schutz der Hundepfoten. Getrockneter Sand ist hart wie Beton, gewässert wird der Boden weich. Die Bahn ist eine von dreien im Großraum Rhein-Main. Weitere finden sich in Darmstadt und in Hünstetten bei Wiesbaden.

Der falsche Hase hat im Kern ein Stück echtes Hasenfell

### Windhundtraining

Es ist Samstag – Trainingstag. Sofern nicht irgendwo eine Ausstellung stattfindet, treffen sich die aktiven Mitglieder zum Trainieren ihrer Hunde, zum Fachsimpeln und auf ein Schwätzchen. Inmitten der langbeinigen Schönheiten fällt uns ein kleiner brauner Mischling auf. Das soll ein Windhund sein? Darauf angesprochen erzählt uns die Besitzerin, dass ihr Hund mitnichten ein Windhund sei, aber sehr gerne renne. Standesklüngel? Nein, ganz im Gegenteil! Als sie das erste Mal kam und fragte, ob ihr Hund mittrainieren dürfe, wurde sie freundlich aufgenommen und unterstützt. Beim samstäglichen Training sind gegen eine Bahngebühr fremde Hunde erlaubt. Auch einen Schäferhund schauten wir beim Trainieren zu.

Immer im Frühsommer wird hier seit einigen Jahren ein „Jederhundrennen" ausgetragen, zu dem jährlich immer mehr Menschen mit Hunden kommen. Den ganzen Tag über dürfen Hunde (getrennt wenn möglich nach Rasse, ansonsten nach Alter und Größe) gegeneinander antreten, aller-

dings statt der üblichen 360 Meter oder 400 Meter lediglich 100 Meter. Es ist eine spaßige Angelegenheit, besonders, wenn das Herrchen seinem Hund mit Leckerlis in der Hand vorausrennen muss. Es wird gegrillt und es gibt Erfrischungen sowie Kaffee und Kuchen. Wir schauen zu wie die Hunde trainieren. Von der Startbox aus jagen sie dem Hasen hinterher, fliegen förmlich um die Bahn. Sie haben Spaß an der Sache, das ist deutlich, können es kaum abwarten zu laufen und – unersättlich wie Kinder – fiebern danach, nochmal und nochmal rennen zu dürfen. Gründungsmitglied Wilhelm Müller sagte treffend: Wir müssen den Hunde das bieten, was sie brauchen, um zu sein, was sie sind: Windhunde!

## Von Hasenziehern und Einhängern

Unter anderem lernten wir, dass der Hasenzieher nichts ist ohne seinen Haseneinhänger. Was das ist? Der Hasenzieher ist

mittels Fernsteuerung der Chef über die Maschine, die an der Innenbahn entlangfährt und den „Hasen" vor den Hunden herzieht. Er steht in der Mitte des Rennplatzes und muss sorgsam darauf achten, dass der Hase ein gutes Stück (ca. 15 Meter) und vor allem schnell genug vor den Hunden losfährt, bevor diese aus den Boxen starten. Allerdings auch nicht zu weit und schnell, sonst verlieren sie ihn an den Schmalkurven aus den Augen. Die Höchstgeschwindigkeit der Maschine beträgt 95 km/h, und das ist auch nötig, denn es gibt Hunde, die bis zu 80 km/h schnell werden können. (Das machte es auch ein wenig schwierig, die Hunde während eines Laufes zu fotografieren :-)) Im Ziel wird der Hase abgeworfen, der Hund darf ihn "fangen".

Der Haseneinhänger holt den Hasen, geht zur Zugmaschine und hängt ihn an den Ausleger für die nächste Runde wieder ein. Außer dem Training finden samstags

auch Lizenzläufe statt. Denn wer ein Rennen mitlaufen will, muss – außer wenn er ein Windhund ist –, auch noch die nötige „Platzreife" mitbringen. Es bedarf vier Lizenzen, um bei Rennen starten zu dürfen, zwei Einzelläufe und zwei Läufe, in denen es Überholvorgänge geben muss. Dabei darf der zu prüfende Hund sich weder umdrehen, um den Gegner zu verbellen oder zu ärgern, noch die Richtung wechseln, noch andere behindern. Bereits eine dieser Taten führt zur Disqualifikation. Erst wenn der Hund die vier Lizenzen bestanden hat, darf er für offizielle Rennen gemeldet werden. Außer der Platzreife gibt es noch ein Alterskriterium, das zum Wohle der Tiere streng beachtet wird. Nur Hunde zwischen zwei und acht Jahren dürfen starten. Früher gab es am Mainbogen außer der befestigten Rennbahn auch noch das sogenannte Coursing. Eine abgesteckte Rennstrecke auf dem freien Feld nebenan. Doch dem Umweltamt war das einmal pro Jahr stattfindende Ereignis ein Dorn im Auge und verbot es. Nun findet es in Babenhausen statt und stellt dort seltsamerweise für die Umwelt kein Problem dar.

Auf der Rennbahn finden nicht nur Rennen, sondern auch einmal im Jahr Ausstellungen statt. Dann können die Hundeschönheiten vor Ort bewundert werden. Nach strengen Kriterien wird das Exterieur, die Zähne, Gang und Beweglichkeit bewertet. Außer Ehre und einer Urkunde gibt es keine Preise, doch für einen Züchter sind die Ausstellungen und auch die Rennergebnisse von großer Bedeutung.

## Veranstaltungstipp

Jährlich am ersten Septemberwochenende treffen sich Windhundfreunde aus Deutschland und dem angrenzenden Ausland zum traditionellen Windhund – Festival in Bad Homburg v. H. Die Veranstaltung gibt den Besuchern Gelegenheit die verschiedenen Windhundrassen einmal aus nächster Nähe und bei der Jagd nach dem falschen Hasen beobachten zu können.

Der attraktive Veranstaltungsort, das besondere Ambiente des Jubiläumsparks in Bad Homburg und das abwechslungsreiche Rahmenprogramm versprechen einen interessanten Tag.

## Windhundvereine

Club für Windhundrennen e.V. (CWF)
Vereinsgelände: 63075 Offenbach/Bürgel
CWF / Brigitte Rauch
August-Bebel-Str. 10
63526 Erlensee
Tel.: 06183-16 41

### Darmstädter Club der Windhundfreunde e.V.

Alter Griesheimer Weg 122
64293 Darmstadt
Tel.: 0162-96 66 051
Mail:info@dcwdarmstadt.de
Web: www.dcwdarmstadt.de
Wiesbaden:
Bierstadter Str. 29
65189 Wiesbaden
Tel.: 0611-56 07 09
Mobil: 0172-69 91 458
Mail: Gerd.Kleber@t-online.de,
Web: www.windhund-arena.de

# Die Hundenanny von nebenan

## Das Start-Up Leinentausch vermittelt persönliche Betreuung für Hunde

Arbeiten und die Bedürfnisse des Hundes erfüllen? Wer nicht gerade das Glück hat, seinen Hund mit ins Büro nehmen zu können, steht vor einer echten Herausforderung. Das spürte auch Vanessa Lewerenz-Bourmer. Nachdem sie mit Mann und Hunden nach Berlin gezogen war, suchte sie lange nach einer guten Betreuung für ihre beiden Vierbeiner – ohne wirklichen Erfolg. Was tun? Im Juli 2013 gründete sie Leinentausch, eine Plattform bei der Hundehalter eine Betreuung für die Zeit buchen können, in der sie ihren Vierbeiner selbst nicht artgerecht versorgen können. Das Angebot reicht von Gassi-Services über die Betreuung während der Arbeitszeit, bis hin zur klassischen Ferienbetreuung mit Übernachtung. Vanessa Lewerenz-Bourmer möchte „Hundehalter nicht dazu ermutigen, ihren Hund ‚abzugeben‘, sondern eine Lösung für ein existierendes Problem bieten", wie sie sagt. Denn „welcher junge Mensch kann schon voraussehen, wie es beruflich in 2, 4 oder 10 Jahren aussieht? Wenn wir alle auf den perfekten Zeitpunkt zur Hun-

dehaltung warten würden, würde es immer weniger Hundehalter geben."

### Wie Leinentausch funktioniert

Auf der Plattform können sich Hundesitter und Hundehalter registrieren und je nach Bedarf zusammenkommen. Hundesitter machen Angaben zu ihrem Wohnumfeld und dazu, ob bereits Artgenossen vorhanden sind. Die Hundehalter füllen einen Fragebogen zu ihrem Hund aus, wo zusätzlich zu Rasse, Alter und Geschlecht 12 Eigenschaften abgefragt werden, beispielsweise: Ist der Hund verträglich mit Artgenossen, mit Katzen und mit Kindern? Wieviel Temperament hat er oder hat er gar Verlassensängste? „Was für den einen Sitter absolut irrelevant sein mag, ist bei einem anderen ein absolutes Knock-out-Kriterium." Anhand des Hundeprofils können die Hundebetreuer auf einen Blick einschätzen, ob der Gasthund in ihr persönliches Lebensumfeld passt. Damit bietet Leinentausch dem Hundehalter gleichzeitig die Gewissheit, dass der Hundesitter weiß, wo

Leinentausch Gründerin Vanessa Lewerenz-Bourmer mit ihrem ehemaligen Straßenhund „Filou".

rauf er sich einlässt. „Kein Hund ist wie der andere und auch Hundesitter haben ihre persönlichen Vorlieben, so dass wir bisher jeden Hund unterbringen konnten."

Bei Leinentausch sind – vom Laien bis zum professionellen Hundetrainer – alle Erfahrungslevel vertreten. „Wir prüfen in einem Interview, ob die Einstellung stimmt", erzählt die Gründerin. Wer also komplett daneben liegt und nicht über die notwendige Sachkenntnis verfügt, wird nicht freigeschaltet. „Sicherheit ist uns ein Herzensanliegen, deswegen verifiziert Leinentausch auch die Kontaktdaten und die Personalausweise der angehenden Hundebetreuer." Mittelfristig wird über ein Weiterqualifizierungskonzept für die Betreuer nachgedacht – so Lewerenz-Bourmer, die selbst eine Ausbildung zur Hundetrainerin (IHK/BHV) absolviert.

## Familienanschluss

Eine Hundebetreuung über Leinentausch ist immer eine Betreuung mit Familienanschluss. So wie bei Jennifer Miksch, 26, die mit Hunden aufgewachsen ist. Gerne würde sie wieder einen Hund haben. Das Hun-

desitting bei leinentausch.de war dann der Kompromiss mit ihrem Freund. Für 14 Tage hat sie Mischlingsdame Paula bei sich aufgenommen. Für 23 Euro pro Tag, was preiswerter ist als viele Hundepensionen. Ihren Preis legt sie im Profil auf der Plattform selbst fest. Für Miksch sind es 14 glückliche Tage. Einer fremden Person den eigenen Hund zu überlassen, ist natürlich eine absolute Vertrauensfrage. Deswegen empfiehlt Lewerenz-Bourmer die Suche nach einem Hundebetreuer frühzeitig anzugehen. In der Regel gibt es immer ein erstes gemeinsames Kennenlernen, verbunden mit einer Gassirunde, um zu prüfen ob die Chemie zwischen Hund und Betreuer stimmt. Bei Ferienbetreuungen – wie im Fall von Paula – gab es sogar eine Probeübernachtung. Das Frauchen von Paula war sehr beruhigt, als Paula am Abgabetag freudig wedelnd die Treppe hinaufstürmte und gleich wusste, zu welcher Tür sie muss. Da fiel die Trennung dann nicht mehr ganz so schwer.

### Leinentausch

Web: www.leinentausch.de
Mail: kontakt@leinentausch.de

# Gesetz Ordnung & Politik Soziales

Als Assistenz- und Besuchshunde können unse-re vierbeinigen Freunde manchmal Wunder bewir-ken. Wir haben für Sie das einzige europaweite vierbeinige DRK-Mitglied in Frankfurt besucht - Ayla, die alte Menschen nach Monaten des Schwei-gens zum Sprechen bringt und behinderten Kin-dern ein Lächeln ins Gesicht zaubert. Wir haben uns mit VITA-Assistenzhunden befasst, die behin-derten Menschen neue Lebenslust schenken, wa-ren bei der Frankfurter TierTafel, die finanziell klammen Mensch und dadurch ihren Tieren hel-fen …

# Die Helfer der Frankfurter TierTafel

## Unterstützung für bedürftige Tierhalter

Zwei, die sich lieben

„Früher, als ich noch einen Job hatte, war das alles kein Problem für mich. Ich konnte alle meine Ausgaben finanzieren", erzählt uns Herr Hack und streichelt liebevoll seinen Hund Coocki. „Nie hätte ich gedacht, einmal in eine solche Situation zu geraten. Als ich meine Arbeit verlor, änderte sich mein ganzes Leben." Herr Hack lebt mittlerweile von Hartz IV, sucht noch immer eine neue Arbeitsstelle. Das Geld reicht hinten und vorne nicht, nicht einmal für solch einen bescheidenen Hund. Irgendwann stand Herr Hack vor der Wahl – sich zu überwinden, Hilfe zu suchen und anzunehmen oder seinen geliebten Vierbeiner in einem Tierheim abzugeben.

„Anfangs war es wirklich eine Überwindung," berichtet er und schaut sich im Wartezimmer um. Die Menschen kennen sich, plaudern miteinander, es herrscht eine lockere freundliche Atmosphäre in den sonnengelben Räumen. „Doch mittlerweile ist es Normalität. Die Leute von der TierTafel sind immer nett. Ich fühle mich hier nicht wie ein Mensch 2. Klasse. Sie lassen mir meinen Stolz und meine Würde." Ohne die Frankfurter TierTafel hätte er Coocki nicht mehr. Er hätte sich das Futter nicht länger leisten können, geschweige denn einen Tierarztbesuch.

Eine gut gekleidete ältere Dame bittet uns, sie namentlich nicht zu nennen. Es könnte ja jemand merken, dass sie in Not ist. Sie schämt sich für ihre Lebenssituation. Sie hat ihr Leben lang gearbeitet und ist seit kurzem in Rente. Und die ist so lächerlich gering, dass es nicht fürs Leben reicht. Für sich nicht … und nicht für ihren Hund, den sie seit vielen Jahren hält. Man erkennt, dass sie darauf achtet, dass man ihrem Erscheinungsbild nicht ansieht, in welcher Not sie sich befindet. Die

Das TierTafelTeam: v.l.n.r.: (Thorsten Hellwig, Uschi Pinsker, Conny Badermann, Stefan Hehn-Reis, Inge Böhm, Sylvia Hennig-Mihm, Christina Hehn-Reis, Gabi Reiter, Elke van den Bruck mit Hund Ganja; leider sind nicht alle der fleißigen Frankfurter TierTafler auf dem Bild)

Verzweiflung in ihrem Gesicht passt nicht zu ihrem Aussehen. Die Tränen in ihren Augen auch nicht. „Ich fühle mich gedemütigt. Aber für meinen Hund schlucke ich meinen Stolz runter."

**"Da arbeitet man ein Leben lang ... und es reicht nicht einmal für Hundefutter."**

Den beiden geht es wie vielen anderen, denen die TierTafel hilft, dass das geliebte Haustier bei seinem Besitzer bleiben kann. Und wie schnell es gehen kann, aus einem "normalen" Leben zu fallen und Hilfe zu benötigen, erleben immer mehr Menschen.

Täglich. Jobverlust, Verlust des Partners, der die Lebenshaltungskosten mitgetragen hat, Krankheit oder ganz banal – Eintritt in die Rente. Mit der finanziellen Verarmung geht die soziale oft einher. Viele Menschen ziehen sich zurück, verlassen das Haus nicht mehr und nicht nur, weil einkaufen keinen Spaß mehr macht, wenn jeder Cent umgedreht werden muss. Armut lässt vereinsamen. Armut lässt den Menschen den Anschluss ans Leben verlieren. Durch einen Hund ist der Mensch in der Verantwortung, mehrfach täglich das Haus zu verlassen. Jeder Hundebesitzer kennt das – man begegnet den gleichen „Hundemenschen" auf seiner Route,

kommt ins Plaudern ... und bewahrt sich zumindest noch einen Teil eines normalen Lebens.

## Aller Anfang ist schwer!

Zu Beginn 2007 noch angeschlossen an den Verbund bundesweit agierender Tiertafeln wagte die Frankfurter TierTafel nach fünf Jahren erfolgreicher Arbeit für und mit der Tiertafel Deutschland den großen Schritt in die Eigenständigkeit. Ihre Spender und auch die Schirmherrin Marika Kilius wünschten sich einen in Frankfurt ansässigen Verein. Sie wurden von der Tiertafel Deutschland als Ausgabestelle Frankfurt ausgegliedert und gründeten am 1.06.2012 einen eigenen Verein, den Frankfurter TierTafel e.V.

In der Anfangszeit befanden sich die Helfer noch in einer 40 Quadratmeter kleinen Hausmeisterwohnung in Sachsenhausen mit nur einem einzigen Raum und winzigem Bad sowie einem externen Lager. Doch sehr bald platzte dort alles aus den Nähten – die Räume konnten kaum die Helfer und das Futter für einen Ausgabetermin beherbergen, geschweige denn die vielen Menschen, die Hilfe suchten. Die Tierbesitzer, viele mit ihren Hunden, standen in einer langen Schlange auf der Straße, brieten im Sommer in der Sonne, wurden bei schlechtem Wetter nass und froren im Winter. Es musste dringend etwas geschehen.

Dank großzügiger Paten und Spendern, unter anderem seitens der Schirmherrin Marika Kilius und Generalkonsul Bruno

H. Schubert sowie eines Sponsors, der die Lagermiete bis dahin übernommen hatte und bereit war, weiterhin bei der Miete zu helfen, konnte sich die TierTafel nach größeren Räumen umsehen und wurde fündig. Seit 2008 befindet sich die Frankfurter TierTafel nun in dem Gebäude einer ehemaligen Wäscherei in der Ludwig-Landmann-Straße 206 in der Siedlung Westhausen bei Rödelheim.

Nach aufwändigen und liebevollen Renovierungsarbeiten ist nun in der „Alten Fabrik" ausreichend Platz, um den Menschen und ihren mitgebrachten Hunden bei schlechtem Wetter in einem schönen großen Wartezimmer Unterschlupf zu gewähren. Conny Badermann – die Chefin der Frankfurter TierTafel – ist ein Organisationstalent. Sie besorgte das gesamte Inventar privat, bis auf die 50 Stühle im

Wartezimmer, die (auch dank ihres Engagements) eine Spende der Stadt Frankfurt waren. Im April 2008 zog die TierTafel dann mit einem großen Einweihungsfest in das neue Heim ein.

## Und es werden immer mehr ...

Im April 2008 versorgten die fleißigen ehrenamtlichen Helfer bereits über 90 bedürftige Menschen und deren über 200 Tiere mit Futter und Utensilien. Inzwischen betreut die Frankfurter TierTafel wesentlich mehr Hilfesuchende. In der laufenden Kartei befinden sich 350 Menschen, die regelmäßig alle zwei Wochen zur Futterausgabe kommen. Weitere Kunden erscheinen sporadisch zu den 14-tägigen Futterausgaben. Aktuell werden versorgt: 378 Katzen und 244 Hunde, sowie 30 Hasen, 40 Meerschweinchen, zwei Frettchen, Ratten, Mäuse, Fische und Vögel an jedem Ausgabetag. Die Kunden kommen aus der gesamten Region, denn die nächste Tiertafel befindet sich in Gießen und eine Alternative für die sozial Schwachen und Schwächsten gibt es nicht. Und täglich rufen neue Menschen an, die Hilfe benötigen.

## Eine logistische Meisterleistung!

Zur Versorgung hunderter hungriger Mäuler werden derzeit über sechs Tonnen Futter im Monat benötigt. Um das logistisch bewältigen zu können, hat Conny Badermann ein äußerst tatkräftiges und zuverlässiges Team um sich geschart. Zweimal im Monat wird das Futter von sieben Leuten in jeweils einer Fünfstundenschicht gestapelt, verpackt und sortiert. Danach

In den Regalen herrscht Ordnung.

wird alles wieder schön sauber geputzt. Dabei wird großer Wert darauf gelegt, dass die Tiere hochwertig und bedarfsgerecht versorgt werden. Jedes Tier bekommt genau das, was es braucht – alte und schwache Tiere haben nun einmal einen anderen Futterbedarf als junge Gesunde.

Es wird auf Alter, Gewicht und Gesundheitszustand geachtet – ordentlich in den Regalen gestapelt, so dass es an den Ausgabetagen, an denen hunderte von Tieren versorgt werden müssen, schnell greifbar ist.

An den wöchentlichen Vorbereitungstagen sowie an den 14-tägigen Ausgabetagen sind Spender herzlich willkommen. An den Ausgabetagen arbeiten bis zu zehn Helfer als eingespieltes Team. Doch nicht jeder bekommt kostenloses Tierfutter. Die Bedürftigkeit muss mit einem Renten- oder Hartz IV-Bescheid oder des

verträgt oder mag. Kranke Tiere, die besondere Kost benötigen (teilweise vom Tierarzt verordnet), werden voll versorgt, das heißt, sie bekommen bei den zweiwöchigen Ausgabeterminen auch für 14 Tage Futter, während alle anderen „nur" eine zehn Tage Versorgung erhalten. Conny Badermann: „Wir wollen ja die Menschen nicht ganz aus ihrer Verantwortung nehmen, ihnen jedoch soweit helfen, dass ihr Tier bei ihnen zu Hause bleiben kann und nicht aus Geldsorgen in ein Tierheim abgegeben werden muss." Pro Kunde werden maximal vier Tiere versorgt.

## Ein Herz für Tier und Mensch ...

Es wird kurz geplaudert – ist mit dem Tier alles in Ordnung, verträgt es das Futter, ist irgendetwas vorgefallen, muss es zum Tierarzt, liegt was Besonderes an und – nicht zuletzt – geht es auch dem Menschen gut? Die Frankfurter TierTafel macht viel mehr, als „lediglich" die Versorgung der Tiere mit Futter. Sie kümmert sich auch um das Seelenheil der Besitzer, sofern sie es denn vermag. Bei dieser kurzen Begegnung erfolgt auch immer eine Inaugenscheinnahme der mitgeführten Tiere. Wenn ein Tier offensichtlich zu Übergewicht tendiert, wird auch schon mal die Futterration gekürzt oder auf anderes Futter umgestellt. Anhand der Karteikarte wird dann das benötigte Futter aus dem Lager geholt. Wenn Tierarztbesuche anstehen, wird das mit dem Kunden abgesprochen und wenn möglich Hilfe in Form von Fahrdienst und Bezahlung geleistet. Liegt nichts weiter an, bekommt der Kunde die Nahrung für sein Tier und geht wieder – bis zum nächsten

Frankfurter-Passes (erster Wohnsitz in Frankfurt und geringes Einkommen, ausgestellt u.a. in den Sozialrathäusern) nachgewiesen werden. Die registrierten Tierbesitzer bekommen eine bestimmte Uhrzeit genannt, zu der sie sich in der TierTafel melden können, nach Anfangsbuchstaben unterteilt. So wird gewährleistet, dass nicht einerseits alle Kunden gleichzeitig erscheinen und andererseits Leerlauf entsteht.

Die Hilfesuchenden melden sich am Tresen an. Dort befindet sich ihre Karteikarte mit allen benötigten Informationen – welche Tiere der Mensch hat, der Gesundheitszustand der Tiere, ihr Alter und das benötigte Futter. Auch wird vermerkt, wenn ein Tier ein bestimmtes Futter nicht

Frau Böhm spendet von ihrer frisch erhaltenen Spende an die Wartenden

Mal. Manche bleiben auch gerne ein bisschen länger vor Ort. Man kennt sich untereinander, viele kommen seit Jahren regelmäßig.

Eine Dame verbreitet gute Laune und Froh-
sinn, Frau Hannelore Böhm. Sie plaudert
und lacht mit vielen Anwesenden. Ihre
Hündin Ganja (alias Mupfel) hat sie heute nicht dabei, sie ist an der Pfote verletzt
und muss sich noch ein bisschen schonen.
Extra für uns ist sie jedoch schnell nach
Hause gelaufen und hat Ganja doch noch
geholt. Dafür darf die Hündin dann auch
mit aufs Gruppenbild der TierTafler (der
kleine Mischling auf dem Bild links gehört
einer anderen Dame.

## „Die alten Menschen liegen uns ganz besonders am Herzen"

„Für viele alte Menschen ist ein Haustier
wichtigster Lebensinhalt, Ansprechpartner
und bringt Freude in ihr Leben" so Conny
Badermann. Und oft ist es so, dass es ihnen aus altersbedingten oder gesundheitlichen Gründen nicht mehr möglich ist, an
den Ausgabetagen zur TierTafel zu kommen. Das TierTafel-Team bringt diesen
Menschen gerne innerhalb Frankfurts das
Futter nach Hause. Doch mit der Futterausgabe hört die Fürsorge nicht auf – die
Frankfurter TierTafler gehen auch mit
den Hunden Gassi, bringen sie bei Bedarf
zum Tierarzt und übernehmen die Kos-

ten, wenn die Geldmittel vorhanden sind. Zur Zeit läuft gerade eine Impf- und Untersuchungsaktion für alle Tiere. Stirbt ein Mensch, kümmert sich das Team um das Tier, bringt es in Pflegeplätzen unter und sucht ihm einen schönen Platz.

## Wir ALLE sind gefragt!

Die Arbeit der Frankfurter TierTafel bedarf einer gewaltigen Organisation. 75 Tonnen Futter pro Jahr müssen erst einmal beschafft werden. Sie müssen bezahlt, ins Lager verbracht, sortiert, verpackt und an die Hilfesuchenden ausgegeben werden. Die Gelder für die Räume, die Tierärzte und die sonstigen Leistungen müssen aufgebracht werden. "Wir müssen uns ständig etwas einfallen lassen, damit wir die Kosten bewältigen können", denn trotz knapper Vorräte und steigender Kundenzahlen wird kaum ein Bedürftiger abgewiesen. Die Frankfurter TierTafel hat beständige großzügige Spender, doch davon alleine kann der Bedarf nicht gedeckt werden. So macht sie Infostände bei befreundeten Tierschutzvereinen und Hundeschulen, geht auf Tiermessen und veranstaltet Feste. Sach- und Geldspenden sowie Freßnapfgutscheine (mit diesen können die TierTafler 25% mehr einkaufen und vor allem gezielt nach Bedarf das Futter auswählen) werden dringend benötigt und dankbar angenommen.

Nebenbei: Von jedem verkauften Frankfurter Hundeführerbuch gehen 25 Cent an die Frankfurter TierTafel!

**Frankfurter TierTafel e. V.**

Ludwig-Landmann-Straße 206
60488 Frankfurt / Westhausen
Tel.: 069 - 59 74 763
Mail: connybadermann@aol.com
Web: www.frankfurter-tier-tafel.de
Spendenkonto
Frankfurter Sparkasse
Kto.: 2004 999 47
BLZ: 500 502 01

# DRK-Mitglied auf vier Pfoten

## Dobermännin Ayla, examinierter Therapiehund und einziges vierbeiniges DRK-Mitglied Europas

„Die Leute haben immer ein besonderes Lächeln im Gesicht, wenn wir kommen", erzählt uns Alf Richter und streichelt seiner Hündin Ayla über den Kopf. „Noch schöner ist es bei behinderten Kindern. Die freuen sich so sehr." Die sechseinhalbjährige Dobermännin ist das erste und bisher einzige vierbeinige offizielle DRK-Mitglied. Da sie ehrenamtlich gemeinnützige Arbeit leistet, ist sie vom Mitgliedsbeitrag befreit.

Zweimal pro Woche besucht Ayla mit ihren Besitzern Alf Richter und Jutta Reinhardt die Bewohner zweier Seniorenheime. Dort haben sie einen festen Plan, zu welchen Menschen Ayla zum Kuscheln und schmusen gehen darf. Was diese Schmusestunden bewirken können, ist erstaunlich. Eine an Alzheimer erkrankte Bewohnerin, die seit sieben Monaten kein Wort mehr gesprochen hatte und sich völlig in sich zurückgezogen hatte, sprach nach einer Begegnung mit Ayla tatsächlich ein paar Worte. „Diese Arbeit und was wir damit bewirken macht einen Riesenspaß!"

Und alle vier Wochen samstags erfreut sie behinderte Kinder, die von ihren Eltern

Zwei ehrenamtliche Helfer

nen, der sich an den Hund klammert) stellen. Es gab eine schriftliche Prüfung für ihre Besitzer und eine Fähigkeits- und Eignungsprüfung für Ayla, bzw. zwei, da sie mit jedem ihrer Herrchen die Prüfung absolvieren musste. Diese doppelt schweren Prüfungen bestand Ayla mit Bravour! Sie ist bisher europaweit der einzige Dobermann, der als Therapiehund ausgebildet wurde und als Mitglied beim DRK eingetragen ist.

Die Arbeit mit alten und behinderten Menschen macht Alf Richter und Jutta Reinhardt eine solche Freude, dass sie mittlerweile einen Verein gegründet haben. „Ich hoffe, wenn ich mal alt und vielleicht in einem Seniorenheim bin, dass da auch jemand ist, der sich etwas einfallen lässt, um mir eine Freude zu machen und mein Leben zu bereichern. Wir haben den Verein gegründet in der Hoffnung, dass es weitergeht! Viele Menschen brauchen uns."

selbst betreut werden. Während der Hund sich von den Kindern streicheln und knuddeln lässt, können die Eltern ein wenig ausspannen.

Aylas Ausbildung in Bad Hersfeld, wo auch die Hunde für die Rote Kreuz Hundestaffel ausgebildet werden, wurde vom DRK gefördert. Bis sie zum examinierten Therapiehund wurde, hatte sie einige Prüfungsaufgaben zu bestehen. So musste sie sich unter anderem ungewohnten Situationen, großer Lärmbelästigung (z.B. klappernde Dosen) und extremen menschlichen Verhalten (u.a. Simulation eines Betrunke-

## Therapiehund AYLA e. V. i. G.

Förderverein, Haus Biegwald
Rebstöcker Weg 19
60489 Frankfurt

# „Der tut nix!" – Und wenn doch?

## Rechtsanwalt René Thalwitzer über die Fallstricke des Hunderechts

Der tut nix – oder doch?

sich kompetenter Rechtsrat bewährt. Zunehmend gibt es deshalb auch spezialisierte Anwälte, die sich mit den Fallstricken des „Hunderechts" beschäftigen. Tieranwälte helfen zum Beispiel bei Problemen wie z.B. der Tierhalterhaftung, dem Tierkauf sowie der Tiermängelgewährleistung, bei Fragen zur Haltung von Hunden in Mietwohnungen oder bei der rechtlichen Behandlung des Hundes bei einer Scheidung.

Es ist leicht möglich als Hundehalter mit dem Gesetz in Konflikt zu kommen. Im Hunderecht gibt es viele Konstellationen, in denen eine sog. Tierhalterhaftung möglich ist. Der Hund ist nicht nur der beste Freund des Menschen, sondern auch ein Lebewesen, das in unterschiedlichen Situationen unterschiedlich und nicht immer vorhersehbar reagiert. Die Tierhalterhaftung ist in § 833 BGB geregelt und als sog. Gefährdungshaftung ausgestaltet. Danach haftet der Halter eines Hundes allein aufgrund der Gefährlichkeit seines Tieres grundsätzlich für alle Schäden, die der Vierbeiner verursacht. Eigenart dieser Gefährdungshaftung

Hunde sind unsere treuen Begleiter. Das Zusammenleben mit ihnen bereitet in erster Linie große Freude und bereichert unseren Alltag – keine Frage. Aber: Hunde eröffnen heutzutage auch eine nahezu unüberschaubare Anzahl von Rechtsfragen und Problemen, in denen

ist, dass es auf ein Verschulden des Hundehalters nicht ankommt. Allein die Tatsache, dass man ein Tier hält, begründet die Haftung für durch das Tier verursachte Schäden. Ein Hundehalter haftet also auch dann, wenn er das Tier gut erzieht und sorgsam beaufsichtigt. Für jeden von einem Hund verursachten Schaden haftet sein Halter, egal ob dieser irgendetwas falsch gemacht hat oder nicht. Diese Tierhalterhaftung kann also selbst den reichsten Hundebesitzer in den finanziellen Ruin treiben: Im schlimmsten Fall kommt es zu einem Millionenschaden – wenn der Hund etwa einen Verkehrsunfall verursacht, bei dem es zu einer Massenkarambolage kommt. Dabei gilt es zu beachten, dass man persönlich nicht nur für die beschädigten Fahrzeuge, sondern insbesondere auch für Schäden der verletzten Verkehrsteilnehmer wie z.B. Heilbehandlungskosten aufkommen muss. Damit ist die Haltung eines Hundes mit finanziellen Risiken wie der Zahlung von Schadenser-satz und Schmerzensgeld verbunden, weshalb man als Hundehalter eine Tierhalterhaftpflichtversicherung abschließen sollte – vielfach ist das sogar gesetzlich vorgeschrieben.

## Nicht immer voller Schadensersatz

Ist der Hundehalter haftpflichtversichert, ist diese im Versicherungsfall einstandspflichtig und muss eingetretene Schäden grundsätzlich ersetzen, so z.B. wenn der Hund ein anderes Tier oder einen Menschen beißt. Aber auch hier ist Vorsicht geboten: Der Geschädigte kann nur dann vollen Schadenersatz verlangen, wenn ihn kein Mitverschulden trifft. Streichelt man einen fremden Hund, der daraufhin zu-

beißt, muss man damit rechnen, dass man nur einen Teil des Schadens ersetzt bekommt. Gleiches gilt nach der Rechtsprechung für denjenigen, der in eine Auseinandersetzung zwischen Hunden eingreift, um die Tiere zu trennen.

Viele Hundehalter sind sich auch nicht bewusst, dass sie sich durch ein Hinweisschild „Vorsicht! Bissiger Hund" nicht von jedweder Haftung befreien können. Dies wird an dem Beispiel eines Kleinkindes deutlich, dass ein solches Schild gar nicht lesen kann. Generell gilt: Nicht Schilder machen das Recht, sondern der Gesetzgeber und die Gerichte.

# Medizin auf vier Pfoten

## Die VITA-Assistenzhunde

Das Leben von Frieda ist um so vieles einfacher und reicher geworden, seit Fellow, ihr vierbeiniger Freund, im Alltag hilft und Tag und Nacht für sie da ist. Es ist nicht länger ein Kraftakt, Socken aus der Schublade zu holen oder eine Tür zu öffnen. Freudig übernimmt das Fellow für sie. Mit ihm hat Frieda einen vierpfotigen Partner an der Seite, der sich jeden Morgen freut, wenn sie die Augen aufmacht und jeden neuen Tag mit fröhlichem Schwanzwedeln begrüßt. Fellow ist eifrig darauf bedacht, ihr das Leben zu erleichtern, zu helfen, da zu sein und nicht von ihrer Seite zu weichen. Fellow ist ein von VITA e. V. ausgebildeter Assistenzhund – ein Profi auf seinem Gebiet.

### Englisches Vorbild

Tatjana Kreidler gründete im März 2000 den gemeinnützigen Verein VITA e.V. Assistenzhunde (VITA) nach englischem Vorbild. Bisher hat VITA bereits 38 Kindern und Erwachsenen mit körperlicher Behinderung – unabhängig ihrer finanziellen Situation – einen ausgebildeten Assistenzhund zur Seite gestellt. VITA-Assistenzhunde werden nach den internationalen Standards und Richtlinien des Dachverbands Assistance Dogs Europe (ADEu) ausgebildet. ADEu setzt hohe Qualitätsstandards bei der Ausbildung von Mensch und Hund an, prüft die Verwendung von Spendengeldern und achtet insbesondere auf das Wohlergehen der Tiere. 38 Mal haben die von VITA ausgebildeten vierbeinigen Helfer „ihren" Menschen bereits zu mehr gesellschaftlicher Inklusion, Selbstvertrauen, Unabhängigkeit und Lebensqualität und dadurch auch zu gesteigertem Lebensmut und vor allem mehr Lebenslust verholfen.

### Medizin auf vier Pfoten

Ein VITA-Assistenzhund ist „Medizin auf vier Pfoten"! Er ist ein praktischer Helfer, treuer Partner, Eisbrecher und Mittler und wirkt auf verschiedenen Ebenen: psychisch, physisch, sozial und kognitiv. Er unterstützt bei alltäglichen Aufgaben, z. B. apportiert er Gegenstände, assistiert beim An- und Ausziehen und holt im Ernstfall Hilfe. Er öffnet Türen – im realen und auch im übertragenen Sinne. Ein Assistenzhund schafft Kontakte zu anderen Menschen, steht treu zur Seite und vertreibt trübe Gedanken. Er liefert Gesprächsstoff und mindert Hemmschwellen, er hilft, das Leben zu (er)leben.

## Echte Partner

Ausgebildet werden die Hunde (ausnahmslos Retriever) nach der von der Vereinsgründerin entwickelten Kreidler-Methode. Mit dieser werden Mensch und Hund füreinander sensibilisiert und zu echten Partnern gemacht. Die Kreidler-Methode basiert auf Empathie und Motivation. Durch freundliche Autorität, Ruhe und Geduld wird die vertrauensvolle Bindung zwischen Mensch und Hund gefördert. Es ist kein starres Konzept, sondern wird – unter Einbeziehung neuester wissenschaftlicher Erkenntnisse und bestehender Erfahrungen – stetig weiterentwickelt. Von Anfang an stand der Hund und sein Wohlbefinden dabei im Mittelpunkt. Denn – so die VITA-Philosophie – „Nur wenn es dem Hund gut geht, kann er dem Menschen helfen!" Fachkompetenz, kynologisches Wissen und viel Verständnis ist bei der Ausbildung eines vierbeinigen Partners und auch bei der mindestens sechswöchigen Zusammenführung eines Mensch-Hund-Teams gefragt. Die beiden, die fortan gemeinsam ihren Weg gehen, müssen nicht nur gut zueinander passen, sie müssen einander vertrauen, Geduld haben und sich miteinander wohlfühlen. Das ist ein hoher Anspruch. VITA vermittelt den zukünftigen Assistenzhund-Besitzern nötigen Sachverstand, von den Grundlagen der Kommunikationsformen des Hundes über Lerntheorien bis hin zu tiermedizinischem Fachwissen. Sie erfahren wie ihr Hund denkt, welche Eigenheiten und Gewohnheiten und welche Stärken und Schwächen er hat und wie er mit ihnen kommuniziert. Der Hund soll in seinem neuen Zuhause an Altgewohntes anknüpfen können, das geht von in einer gewohnten Stimmlage gesprochenen Kommandos über das gewohnte Futter bis hin zum Erlernen neuer Aufgaben. Somit trägt VITA Sorge, dass der tierische Helfer fair, artgerecht und respektvoll behandelt wird.

Frieda und Fellow

## Ausbildung

Die Zusammenführung der Mensch-Hund-Teams findet im Ausbildungszentrum in Hümmerich statt. In der Eingewöhnungsphase werden zwei, manchmal auch drei künftige Teams Tag und Nacht in eine familiäre Gemeinschaft eingebunden. Entscheidend dabei ist, dass die Chemie zwischen den beiden stimmt, denn nur dann können Hund und Mensch zu einem harmonischen Team zusammenwachsen. Schritt für Schritt übernehmen die neuen Besitzer Mitverantwortung für ihren Gefährten. Da die Eltern der VITA Kinder-Teams nach der Zusammenführungsphase die Aufgabe haben das Team zu leiten und für das Training und das Wohlergehen des Vierbeiners zu sorgen, werden auch sie in die Ausbildung eingebunden.

Nach der Übergabe wird die VITA-Arbeit in Form von regelmäßiger Nachbetreuung fortgesetzt. Parallel werden die Teams dazu angehalten, sich untereinander mit- und voneinander lernend auszutauschen, was einen wichtigen Teil des VITA-Konzeptes ausmacht. Die Ausbildung eines Assistenzhundes kostet über 25.000 Euro. Leider erhält der Verein keine öffentlichen Fördermittel und auch die Krankenkassen beteiligen sich nicht an den Kosten. Diese müssen ausnahmslos durch Spenden, Fördermitglieder und Sponsoren gedeckt werden.

Vita Teamtraining

VITA-Hunde leisten Erstaunliches, sie verhelfen Erwachsenen und Kindern zu mehr Lebensqualität. Sich aus Einsamkeit und Abhängigkeiten zu lösen, sind für sie Geschenke von unschätzbarem Wert.

## VITA e.V. Assistenzhunde sucht Hundepaten

Um weitere Assistenzhunde ausbilden zu können, werden immer wieder ehrenamtliche Helfer gesucht – allen voran Hundepaten! Ein Hundepate zieht die ausgesuchten Retrieverwelpen auf, bevor diese im Alter von ca. 12 bis 16 Monaten zur Assistenzhunde-Ausbildung von VITA-Trainern übernommen werden und anschließend ihre Aufgabe antreten. Wenn Sie Pate werden möchten, so spielt Ihr familiäres Umfeld

keine Rolle. Ob Familie oder alleinstehend, bereits mit oder ohne Hund, VITA-Paten leben in ganz unterschiedlichen Lebenssituationen. Der Welpe wird Ihnen im Alter von ca. zehn Wochen übergeben, so wird bereits seine Prägephase für die Erziehung genutzt. Nehmen Sie einen Welpen auf, zeigen Sie ihm die Welt mit all ihren Facetten. Bei Ihnen lernt er z.B. vielseitige Geräusche, den Straßenverkehr, Geschäfte und Menschen kennen. Sozialisieren Sie ihn, bauen Sie Vertrauen auf – nach den positiven Erziehungsmethoden von Tatjana Kreidler. Die Welpen werden sanft, jedoch konsequent erzogen. Sie nehmen mit Ihrem Welpen regelmäßig an den VITA-Welpenkursen teil und auch ansonsten steht Ihnen das Team bei allen Fragen und Problemen bei.

Wir sprachen mit einem der Paten über seine Erfahrungen. Dieter Protzmann ist seit 2006 Pate bei VITA. Drei der von ihm aufgezogenen Hunde sind bereits bei einem hilfsbedürftigen Menschen angekommen und erfüllen ihre Aufgabe zu aller Zufriedenheit. Den vierten hat er gerade in seine Obhut genommen.

*Assistenzhund beim Taschetragen*

*Wie sind Sie VITA-Pate geworden?*

Tatsächlich durch Zufall. Ich selbst wollte keinen Hund mehr durch Tod verlieren, nachdem meine drei Hunde im hohen Alter verstorben waren. Im Wald traf ich eine Frau, die gerade einen Welpen als VITA-Patin betreute. Das gefiel mir und ich informierte mich. Durch VITA habe ich die Gelegenheit einen Hund um mich zu haben und gleichzeitig etwas Gutes zu tun.

*Was genau machen Sie denn mit den Hunden?*

Ich bereite sie gründlich auf ihr Leben vor. Ich nehme sie überall mit hin, wir fahren Aufzug, Auto, U-Bahn, Fahrrad. Sie lernen Menschen in Einkaufszentren kennen, dürfen ins Wasser, lernen Alltagssituationen kennen und die Grundbegriffe, die ein Hund kennen muss. Ich sozialisiere ihn. Das wichtigste ist, dass sie lernen auf mich zu achten. Sie lernen nicht wegzulaufen, in meiner Nähe zu bleiben und auf mich aufzupassen. Da wir eine innige Beziehung zueinander haben, lernen die Hunde schnell und sie erledigen ihre Aufgaben gut.

*Werden Sie von VITA unterstützt?*

Ja. Einmal in der Woche gehe ich mit ihnen zum VITA-Training. Dort lerne ich dem Hund die richtigen Signale zu geben, die, mit denen er später auch mit seinem neuen Besitzer kommunizieren wird. Und der Hund lernt auch zum Beispiel Rollstühle kennen.

*Bringen Sie ihm auch andere Sachen bei, zum Beispiel Türen öffnen oder beim Anziehen helfen oder ähnliches?*

Nein. Die letzte Phase ihrer Ausbildung (ca. 10 bis 12 Monate) verbringen die Hunde bei VITA. Dort werden sie speziell in ihre zukünftigen Aufgaben eingewiesen, um ihrem zukünftigen Besitzer das Leben zu erleichtern.

*Sehen Sie "Ihre" Hunde denn auch mal wieder?*

Ja, bei verschiedenen Anlässen. Im Training manchmal. VITA organisiert einige Veranstaltungen im Jahr, unter anderem Charity Galas, Charity Working Tests, einen Stand auf dem Wiesbadener Pfingstturnier und noch einiges anderes. Bei einigen Gelegenheiten sind dann auch die neuen Besitzer mit ihren Hunden da. Es ist jedesmal wieder schön!

**VITA e.V. Assistenzhunde**

Karlshof 1a , 53547 Hümmerich
Web: www.vita-assistenzhunde.de
Mail: info@vita-assistenzhunde.de
Spendenkonto
Deutsche Bank
Bankleitzahl: 500 700 24
Kontonummer: 3 010 915
IBAN DE63 5007 0024 0301 0915 00 /
BIC DEUTDEDBFRA

# Versicherung & Schutz

Wenn einer eine Reise tut, dann kann er was erleben … natürlich richtet sich dabei die Hoffnung auf neue Erlebnisse und Erfahrungen im positivsten Sinne. Doch fürs Reisen mit Hund gibt es allerlei Regeln, Gesetze und Beachtenswertes. Tatsache ist: Es geschehen auch negative Dinge auf dieser Welt. Da bricht der Hund in den zugefrorenen See ein und der Jungrüde in seiner Sturm-und-Drang-Phase haut quer über die Straße ab, weil er dem Duft eines läufigen Weibchens nicht widerstehen kann …

Wohl dem, der darauf vorbereitet ist, denn der kann mit der Gewissheit, das Bestmögliche getan zu haben, entspannt aufbrechen. Gemäß der Maxime: Ein vorsichtiger Optimist erfährt mehr Bestätigung als ein nachsichtiger Pessimist.

# Bello auf dem Dach

## Wenn die Feuerwehr anrücken muss

Abgesehen von den offiziellen Freilaufgebieten in der Innenstadt und dem Grüngürtel rund um die Stadt herrscht in Frankfurt am Main für Hunde eine allgemeine Anleinpflicht. Doch nicht jeder Hundebesitzer nimmt das so genau. Im schlimmsten Fall, so denken manche, droht eine milde Strafe vom Ordnungsamt. Und die Ordnungshüter sind in Frankfurt – nach den uns berichteten Erfahrungen – doch recht kulant. Warum also den Hund anleinen, wenn er doch so schön frei springen kann und viel mehr Spaß dabei hat? Vergessen wird dabei, dass die Anleinpflicht dafür, da ist andere Verkehrsteilnehmer vor einem frei laufenden Hund und manchmal auch den Hund vor sich selbst zu schützen.

Stellen Sie sich nur einmal vor, Ihr Rüde möchte zu einer ausnehmend hübschen Hündin auf der anderen Straßenseite laufen. Er ist nicht angeleint, schaut nicht nach links und rechts, hört ausnahmsweise nicht auf Sie und läuft über eine vielbefahrene Straße. Sollte er es tatsächlich unverletzt auf die andere Seite schaffen, heißt das jedoch nicht, dass es den anderen Verkehrsteilnehmern ähnlich ergeht. Ein Autofahrer bremst, ein anderer fährt auf. Ein Radfahrer stürzt. Autos kommen nach ...

Sie wissen, wovon ich rede. Abgesehen von Personenschäden kann es zu erheblichen Sachschäden und somit zu hohen Kosten für Sie kommen. Ein entlaufener Hund, der die A5 überqueren wollte, verursachte Auffahrunfälle und Sachschäden in Höhe von mehreren hunderttausend Euro. Auch harmlosere Situationen können Ausmaße annehmen, für die Sie ordentlich in die Tasche greifen müssen. Gerät Ihr Tier in Not, aus der Sie es nicht eigenhändig befreien können, wird in der Regel die Feuerwehr angerufen. In Frankfurt leitet diese Ihren Notruf an den Tierrettungsdienst UNA (Union für das Leben e.V.) weiter. Dieser rückt dann an, um Ihnen und Ihrem Vierbeiner zu helfen. Vermag er es nicht, weil zum Beispiel technische Hilfsmittel wie ein Einsatzfahrzeug, ein Boot oder ähnliches gefragt sind, dann muss die Feuerwehr doch ran und Sie erhalten nun vom UNA und der Feuerwehr eine Rechnung. In Frankfurt schwamm einmal ein Hund in der Nidda und geriet an ein Wehr. Von alleine kam er nicht wieder aus dem Wasser, die Feuerwehr rückte an und holte ihn mit einem Boot heraus. Ein anderes Mal wurde ein Hund aus einem Dornengestrüpp geschnitten, ein anderer aus einem zugefrorenen See befreit, durch dessen Eisdecke er eingebrochen war. Ein Hund aus einem Dachsbau zu buddeln kann schon einmal knapp 800,00 Euro kosten, je nach Einsatzzeit. In Berlin beliefen sich die Kosten für Hund Skipper, der in einem Dachsbau feststeckte, sogar auf 14.000 Euro. Da mussten etliche Feuerwehrleute stundenlang drei Meter tief graben, um den Hund zu befreien. In Frankfurt sprang einmal ein Hund munter auf einem Dach herum und konnte von alleine nicht mehr hinunter.

Und dann noch die üblichen Einsätze, wenn die Tierrettung oder die Feuerwehr einen verletzten Hund in eine Tierklinik fahren muss. Die Frankfurter Feuerwehr rechnet nach Einsatzzeit ab. Kam vorher die Tierrettung zum Einsatz, stellt auch diese ihre Rechnung. Hat der Hund Schäden verursacht, sind auch diese zu begleichen. Im Bürgerlichen Gesetzbuch steht, dass wenn ein Hund Menschen, Tieren oder Gegenständen Schaden zufügt, sein Halter für alle entstehenden Kosten haftet. Und das kann richtig teuer werden … Bei der Berliner Hunderettung blieb die Besitzerin auf den 14.000 Euro sitzen.

## Was trägt die Versicherung?

Juristisch lässt sich die Rechnung nicht anfechten. Und wie sieht es mit der Versicherung aus? Nicht gut, wie Siegfried Furkert von der Allianz Versicherung erklärt. Denn die für Hundebesitzer obligatorische Hundehaftpflichtversicherung kommt für Schäden dieser Art nicht auf, weil bei der Rettung von Skipper kein Dritter zu Schaden kam. In Rechnung gestellt wurde eine „Dienstleistung" der Feuerwehr die der Hundebesitzer ja selbst herbeige-

Gute Aussicht für Bello, schlechte für den Halter

rufen hatte, um seinen Hund zu befreien. Mit den meisten Haftpflichtversicherung sind aber nur die Ansprüche versichert, die „privatrechtlichen Inhalts" sind, soll heißen: wenn Sie jemand auf Schadenersatz verklagt. Bei manchen Versicherungen – wie zum Beispiel bei der Uelzener Versicherung – können Rettungs- und Bergungskosten jedoch mit einer Zusatzversicherung abgedeckt werden. Hat Skippers Besitzerin lediglich eine normale Haftpflichtversicherung, „wird sie die Rechnung leider aus eigener Tasche bezahlen müssen", so Furkert.

# Je eher, desto besser!

## Lohnt sich eine Krankenversicherung für meinen Hund?

Hundebesitzer wissen: Ein Arztbesuch kann teuer werden. Kleine Unannehmlichkeiten reißen zwar noch lange kein Loch in die Haushaltskasse, aber was passiert, wenn der Hund einmal ernsthaft erkrankt oder eine Operation ansteht? Das alles kann man versichern – aber lohnt sich das am Ende? Das Rundumsorglos-Paket ist auf jeden Fall die Krankenversicherung für den Hund. Dafür werden dann fast alle Kosten beim Tierarzt übernommen: Vorsorgeuntersuchungen wie Impfungen und Wurmkuren, Operations- und Medikamentenkosten, selbst Physiotherapie oder Naturheilbehandlungen deckt der Krankenschutz ab. Die Kosten sind von verschiedenen Faktoren abhängig: Alter, Rasse und Vorerkrankungen. Für größere Hunde kommen da schon rund 40 Euro im Monat zusammen. Ebenfalls wichtig: Versicherungen nehmen Hunde nur bis zu einer bestimmten Altersgrenze auf. In den meis-ten Fällen beträgt die sechs bis sieben Jahre. Es sollte also gut überlegt sein, wann eine Versicherung abgeschlossen wird.

### OP-Versicherung als Kompromiss

Wer nicht regelmäßig 40 Euro berappen, aber dennoch einen Schutz vor den ganz großen Kosten im Falle eines Unfalls und OPs haben will, für den ist eine OP-Versicherung richtig. OP, Medikamente und gegebenenfalls der Aufenthalt in einer Klinik werden abgedeckt. Andere Behandlungen und Untersuchungen werden nicht übernommen.

### Den Tierarzt fragen

Aber wann lohnt sich eine Kranken- oder OP-Versicherung für meinen Hund überhaupt? Oft kann ein Tierarzt Tipps geben, welche

Versicherung am besten geeignet ist. Er weiß über Vorerkrankungen Bescheid und kann am ehesten einschätzen, wie es um die Gesundheit des Vierbeiners bestellt ist. Ein wichtiger Aspekt ist auch: Vor der Anschaffung eines Hundes sollte man sich mit der Situation auseinandersetzten, dass das Tier krank werden kann. Gibt die Haushaltskasse das nötige Geld her im Falle einer Erkrankung, Verletzung oder Operation? Eine Bisswunde kann am Ende schon mal mehrere hundert Euro kosten. Eine komplizierte OP schlägt mit tausenden Euro zu Buche. Wenn man dieses Geld im Notfall nicht hat, ist eine Krankenversicherung für den Hund auf jeden Fall eine sinnvolle Sache.

## Tierversicherungen

www.uelzener.de
www.agila.de
www.tierversicherung.biz

# Wenn alle Stricke reißen!

## Was tun, wenn mein Hund verschwunden ist?

Sind Hund und Besitzer ein gutes Team und die Bindung aneinander fest, wird oft vernachlässigt, dass dennoch etwas geschehen kann, was beide trennt. Bei Sina und mir war es ein Erdwespennest, das mich eines Besseren belehrte und mich dazu brachte, Vorsorge zu treffen. Es blieb in 13 Jahren das einzige Mal, dass Sina davon rannte. Sie war vier Jahre alt, als sie ein Wespennest aufstöberte und von einer Horde wütender stechender Wespen in die Flucht geschlagen wurde. Da nützte auch die beste Hund-Mensch-Beziehung nichts. Sie war auf und davon und wohin sollte sie? Zurück zum Wespennest, wo sie mich das letzte Mal gesehen hatte? Sicher nicht. Sie entschied sich, nach Hause zu laufen. Doch ein freilaufender Dobermann im Stadtgebiet zog schnell Aufmerksamkeit auf sich. Wir hatten Glück, eine nette Hundebesitzerin nahm Sina zu sich und informierte die örtliche Polizei. Dort erfuhr ich, wo mein Hund in Obhut war. Ein glücklicher Verlauf, es hätte auch anders ausgehen können, denn auf dem Heimweg hätte Sina eine vierspurige Straße überqueren müssen.

Ein verletzter (z.B. durch einen Verkehrsunfall oder andere Hunde) oder ein erschrockener Hund kann kopflos die Flucht ergreifen. Übrigens ist es in Hessen gemäß der Gefahrenabwehrverordnung sogar Pflicht, jeden Hund mit der Adresse des Besitzers auszustatten. Unabhängig davon, ob der Hund gechippt und tätowiert ist.

Treffen Sie also Vorsorge für den Ernstfall, egal wie eng die Beziehung zwischen Ihnen und Ihrem Hund ist:

1. Hund chippen lassen
2. Tattoo ins Ohr
3. Adresse am Halsband befestigen (als Marke oder in einem wasserdichten Behälter)
4. Fotos des Hundes aktualisieren
5. Für den Notfall alle Daten gesammelt in Ihren Unterlagen bereithalten
6. Alle Daten bei TASSO hinterlegen (siehe auch Artikel "TASSO")
7. Inzwischen gibt es auch GPS-Sender für Hunde, mit denen das Tier geortet werden kann (ab ca. 100 Euro)

### Kurz danach

Ihr Hund ist abgehauen. Das geschieht am häufigsten, weil er Kaninchen oder ähnlich Interessantes jagt oder sich furchtbar erschrocken hat. In diesem Fall bewahren Sie vor allem Ruhe, so sehr Sie auch wütend darüber sein mögen. Stattdessen schauen Sie erst einmal auf die Uhr und merken sich die Zeit, denn von nun an wird Ihnen die Zeit endlos vorkommen, weil Sie selbst in

Sorge oder Panik sind. Haben Sie Ihren Hund gerufen, als er losgespurtet ist? Natürlich haben Sie das. Hören Sie auf, weiter nach dem Tier zu schreien. Sie signalisieren damit lediglich, dass Sie noch da sind und bestärken ihn in dem, was er gerade treibt. Je eher Sie aufhören ihn zu rufen, desto schneller wird der Hund unsicher, ob Sie noch da sind wo er Sie vermutet. Vertrauen Sie darauf, dass Ihr Hund sich Ihnen zugehörig fühlt. Er ist perfekt dafür ausgerüstet, den Weg zurück zu der Stelle zu finden, an der er sich von Ihnen getrennt hat. Geben Sie ihm mindestens 15-20 Minuten Zeit, auch wenn's schwer fällt. Ihr Hund wird entweder an die Stelle zurückkehren wo er ausgerückt ist oder - falls er Sie dort nicht findet - wird er dorthin gehen wo Sie Ihre Tour gestartet haben. Er läuft also zum Auto oder zur Bushaltestelle oder aber nach Hause. Haben Sie ein Mobiltelefon, dann rufen Sie Menschen an, die die beiden anderen wahrscheinlichsten Orte (Startpunkt und oder vor Ihrem Wohnhaus) besetzen und dort warten. Wenn das Warten nichts bringt, gehen Sie die Strecke zurück, die Sie vorher mit dem Hund gelaufen sind. In den seltensten Fällen bringt es Erfolg, kreuz und quer durchs Gelände zu streifen!

Davon ausgehend, dass Sie am Ort des Verschwindens gewartet haben und wahrscheinlich auch ausführlich - jedoch leider erfolglos - gesucht haben, benötigen Sie nun weitere Hilfe. Als erstes sollten Sie die zuständige Polizei und auch die Feuerwehr anrufen, dann fragen und informieren Sie die umliegenden Tierheime, Tierschutzvereine und Tasso (sofern Ihr Hund dort registriert ist). Auch ein Rundruf bei nahe gelegenen Tierärzten kann hilfreich sein. Am Ort des Entlaufens berichten Sie jedem, dem Sie begegnen, von Ihrem Hund, beschreiben Sie ihn und hinterlassen Sie Ihre Telefonnummer. Klingeln Sie bei den Anwohnern, informieren Sie diese. Drucken Sie Suchplakate mit einem Bild und der Beschreibung Ihres Hundes aus und verteilen Sie es großflächig, auch in Läden oder Tankstellen in der Umgebung.

## Zweiter Tag

Suchplakate mit Foto und Beschreibung des Hundes in einem größeren Kreis um den Entlaufort herum verteilen. Die Telefonliste vom Vortag nochmals durcharbeiten, auch Tierheime, Tierkliniken und Tierärzte, die weiter entfernt sind, mit in die Liste aufnehmen. Rufen Sie Bauhöfe und Straßenmeistereien an. Diese haben in der Regel Kenntnis, wenn ein Hund in

**Hund entlaufen!**

*Ihr Name und Ihre Telefonnummer* (repeated column of contact entries)

Ein möglichst aktuelles Foto Ihres Hundes.

Wann ist der Hund entlaufen – Datum und Uhrzeit.
Wo ist der Hund entlaufen - Ortsbeschreibung.
Name des Hundes: Rasse; Farbe; Beschreibung.
Auf welchen Namen hört er; besondere Merkmale, die in
Bild nicht zu erkennen sind.
Wichtige Hinweise für den Finder: etwaige Krankheiten;
nötige Medikamente; Allergien; Verhaltensauffälligkeiten.

**Gibt es einen Finderlohn?**
**Dann besonders hervorheben.**

Name und Adresse

ihrem Bereich in einen Unfall verwickelt wurde. Besitzen Sie einen Angsthund, sollte jetzt bereits ein Kontakt mit Fachleuten und Suchhund bestehen (wenn nicht sogar schon am Vortag organisiert). Angsthunde sind kaum berechenbar, und es sollte so schnell wie möglich eine Nachsuche eingeleitet werden. Packen Sie einen Gegenstand (z. B. Decke, Spielzeug, Halsband), der ausschließlich den Geruch des entlaufenen Tieres trägt, in einen Gefrierbeutel und verschließen Sie diesen. Benachrichtigen Sie die Bundespolizei (diese ist zuständig für Bahnunfälle) und die Autobahnpolizei, denn oftmals haben diese wenig Kontakt mit den normalen Polizeistationen. Wichtig ist jetzt auch der Kontakt zum Jagdausübungsberechtigten, denn ohne seine Erlaubnis darf keine Fangaktion gestartet werden. Hilfreich ist eine möglichst lückenlose Aufzeichnung der Sichtungspunkte und -zeiten ihres Hundes. Die „Google Maps" Funktion ist dafür zum Beispiel gut geeignet. Unter dem "Maps"-Button auf der Googleseite können Sie ein kostenloses Benutzerkonto downloaden. Auf den Karten können Sie alle Bewegungen des Hundes eintragen, vielleicht ergibt sich ein Muster, eine Richtung. Diese Eintragungen können an alle Suchenden verschickt werden (einmalige Verschickung des Links, Neueintragungen werden automatisch weitergeleitet).

## Dritter Tag

Es wird Zeit für einen professionell ausgebildete Suchhund. Ihre Plakataktion sollte noch weiträumiger fortgeführt werden. Taxifahrer, Postboten, Schulen, Spaziergänger, Supermärkte, Postfilialen, Eissalons, Tankstellen und alle Orte, die stärker frequentiert werden, informieren. Telefonliste erneut durchgehen, ausweiten auf noch entlegenere Polizeistationen, Feuerwehren, Tierheime und Tierärzte.

## Vierter Tag

Nehmen Sie Kontakt mit den regionalen Zeitungen und Radiosendern auf (kann auch zu einem früheren Zeitpunkt erledigt werden). Wobei nach unseren Recherchen FFH Suchmeldungen durchgibt, sofern Luft im Programm ist, der HR das jedoch prinzipiell ablehnt. Suchen Sie Tierheime und Tierschutzvereine persönlich auf. Es kann auch mal passieren, dass ein Fundhund im Tierheimalltag untergeht.

Oftmals suchen in vielen Fällen die betroffenen Hundehalter viel zu spät professionelle Hilfe, manchmal erst Wochen später. Häufig kann zu diesem Zeitpunkt dann nicht mehr rekonstruiert werden, wo sich der Hund aufhält. Doch geben Sie nicht auf! Wir haben von Hunden gehört, die Monate später aufgegriffen wurden, teilweise hunderte Kilometer entfernt. Durch die Tätowierung und/oder den Chip lässt sich der Besitzer feststellen, egal, wo er aufgegriffen wird!

# Pettrailing

## Wenn Hunde Hunde suchen

Jedes Jahr entlaufen in Deutschland mehrere tausend Hunde. In den meisten Fällen kommen sie von alleine nach ein paar Stunden von ihrem Ausflug wieder zurück. Doch leider ist das nicht immer der Fall. Je eher der Hundehalter sich professionelle Hilfe sucht, desto besser. Ist ein Hund erst einmal ein paar Tage unterwegs, ist es sehr schwierig, ihn einzuholen. Je frischer die Spur, desto höher die Chance auf Erfolg.

Gut ausgebildete Pettrailinghunde und deren Trainer sind leider nicht leicht zu finden. Erkundigen Sie sich ausführlich über die Art und Dauer ihrer Ausbildung. Beim Pettrailing wird dem Hund beigebracht, ein bestimmtes Tier nach dessen Individualgeruch zu suchen. Dafür wird ein Gegenstand benötigt, der möglichst ausschließlich Kontakt mit dem zu suchenden Hund hatte, zum Beispiel sein Halsband, Decke, Spielzeug oder ähnliches. Diesen Gegenstand sollte man luftdicht in einen Gefrierbeutel verpacken.

Die Arbeitsweise des Hundes ist ähnlich wie beim Mantrailing. Ein Trailinghund braucht einen genauen Ansatzpunkt, eine Spur. Er sucht leise, soll das vermisste Tier nicht verschrecken, ihm nicht das Gefühl geben, gehetzt zu werden. Entlaufene Hunde sind oft verstört, scheu, haben Angst vor der ungewohnten Situation. Der Suchhund schlägt erst an, wenn er gefunden hat. Bis dahin obliegt es uns, seine Körpersprache zu verstehen.

Durch professionell ausgebildete Suchhunde mit ihren Hundeführern wurden schon sehr viele entlaufene Hunde wieder aufgespürt. Den Hund dann wieder einzufangen, ist nicht so einfach, die Erfahrungen der letzten Tage oder Wochen haben ihn geprägt, misstrauisch gemacht und manches Mal sehr verstört. Ein guter Pettrailing-Trainer jedoch ist auch in der Lage, auch diese Aufgabe zu lösen.

# Das große Tierfundbüro!

## Der Verein Tasso hilft, wenn Haustiere ausgebüchst sind

Seit über 30 Jahren widmet sich TASSO im Tierschutz der Registrierung und Rückvermittlung entlaufener Tiere. So wird mittlerweile alle zehn Minuten ein entlaufenes Tier durch TASSO zurückvermittelt. Daneben unterstützt der Verein verschiedene Tierschutzprojekte im In- und Ausland und weist mit seinen Kampagnen auf wichtige Themen rund um Hund und Katze hin.

Die FRED & OTTO-Redaktion sprach mit Andrea Thümmel über die Arbeit von Tasso:

*Weshalb ist es so wichtig, sein Tier chippen und registrieren zu lassen?*

Ohne die – übrigens kostenlose – Registrierung ist ein entlaufenes Tier so gut wie gar nicht an seinen Besitzer zurück zu vermitteln. Der Chip ist der Personalausweis des Tieres. Der dort gespeicherte 15-stellige Zahlencode wird bei TASSO mit den Tier- und Halterdaten in der Datenbank hinterlegt. So kann sekundenschnell eine Zuordnung eines entlaufenen Tieres zu seinem Besitzer erfolgen.

*Muss man für das Registrieren tatsächlich immer noch so viel Öffentlichkeitsarbeit machen?*

6,5 Millionen registrierte Tiere in unserer Datenbank hören sich natürlich nach viel an und die Tierärzte unterstützen uns auch seit Jahren mit Aufklärungsarbeit. Dennoch ist bisher nur knapp jedes zweite Tier bei TASSO registriert. Wenn man bedenkt, dass die Registrierung bei TASSO den deutschen Tierheimen Kosten in Millionenhöhe spart, wenn ein Ausreißer anstatt im Tierheim wieder Zuhause landet, dann ist jede Art der Öffentlichkeitsarbeit wichtig und sinnvoll.

*Wenn mein Hund weggelaufen ist: Wie bekomme ich ihn am schnellsten wieder?*

Der erste Schritt im Verlustfall sollte immer sein, bei TASSO in der Notrufzentrale anzurufen. Dort ist 24 Stunden an 365 Tagen im Jahr ein Mitarbeiter erreichbar, der weiterhilft. Wenn das Tier unsere SOS-Halsbandplakette am Halsband trägt, kann der Finder Ihres Tieres uns anrufen. Die Zusammenführung von Finder und Besitzer geht dann meist ganz schnell. Wichtig ist in diesem Zusammenhang, keine private Telefonnummer bei der Suche nach dem Tier zu veröffentlichen. Wir erleben es immer wieder, dass das Erpresser auf den Plan ruft, die ein Tier nur dann zurückgeben, wenn ein Lösegeld gezahlt wird.

*Wie sieht eigentlich der Alltag in der Tasso-Zentrale aus? Was sind das für Situationen, die man täglich erlebt?*

Tierschutz ist immer mit Emotionen verbunden, auch nach 30 Jahren noch. Oft sind die Kollegen wahre Seelentröster, wenn ein Tier vermisst wird oder weniger erfreuliche Nachrichten übermittelt werden müssen; am nächsten Tag sind sie dann die Helden, wenn das Tier wieder da ist. Lachen und Weinen liegt da ganz nah beieinander und gehört fast schon zum Alltag.

*Wie kam es eigentlich zur Gründung von Tasso?*

TASSO wurde gegründet, um dem damals vorherrschenden Tierdiebstahl einen wunderbar funktioniert. Im Laufe der Jahre wurde die Rückvermittlung entlaufener Tier aber immer wichtiger.

*Mittlerweile machen Sie ja wesentlich mehr als am Anfang. Wie kam es dazu?*

Für viele Tierhalter ist TASSO der Ansprechpartner, wenn es um das Thema „Tier" geht – ganz gleich welcher Art. Neben der Registrierung rückten daher immer mehr Themen in den Vordergrund: Die Aufklärung über unseriöse Hundevermehrer in Deutschland zum Beispiel oder die Tatsache, dass man seinen Hund im Sommer nicht im verschlossenen Auto lässt. So entstand zum Beispiel auch unser eigenes Tier-

Vermittlungsportal shelta, auf das Tierheime ihre Vermittlungstiere kostenlos einstellen können.

**TASSO-Haustierzentralregister für die Bundesrepublik Deutschland e. V.**

Frankfurter Str. 20
65795 Hattersheim
Tel.: 06190-93 73 00
Fax: 06190-93 74 00
Mail: info@tasso.net
Web: www.tasso.net
Spendenkonto
Nassauische Sparkasse
Konto: 238 054 907, BLZ: 510 500 15

# Gesundheit & Wellness

Gesundheit hat Auswirkungen für das Wohlbefinden. Und Wohlbefinden kann die Gesundheit positiv beeinflussen. Doch wie erhalte ich meinen Hund gesund? Ernährung ist ein wichtiger, wenn nicht der wichtigste Faktor. Doch was mache ich, wenn mein Hund sich verletzt hat? Sind Sie fit in Erster Hilfe? Wo finden Sie den nächsten Tierarzt? Wir haben für Sie recherchiert ...

# Wuff und Weh!

## Erste Hilfe für Hunde

Sei es ein Autounfall, eine Magendrehung, eine Bissverletzung oder eine Schnittwunde – ein Hundehalter sollte wissen, was im Notfall zu tun ist. Einige Tierkliniken bieten Erste-Hilfe-Kurse für den Hund an, wir können Ihnen nur empfehlen, einen solchen zu besuchen. Die folgend beschriebenen Handgriffe dienen als Sofortmaßnahme für den Ernstfall. Sie sollen helfen die Zeit zu überbrücken, bis Sie zum nächstgelegenen Tierarzt gelangen können.

### Bei Verletzungen aller Art gilt:

- Passen Sie auf sich auf - der Hund könnte unter Schock stehen oder starke Schmerzen haben und auch ihm vertraute Personen durch Kratzen oder Beißen verletzen. Legen Sie ihm bei Bedarf eine Maulschlinge an. Binden Sie dazu eine Leine oder ein Tuch von oben um die Hundenase, ziehen Sie es zu, einmal drehen und die beiden Tuchenden zum Hinterkopf ziehen und dort zusammen binden.

- Ist der Hund bewegungsunfähig oder bewusstlos, lagern Sie ihn bequem in rechter Seitenlage, Kopf etwas nach hinten gestreckt, auf eine Jacke oder Decke und decken Sie ihn zu; Zunge aus der Mundhöhle ziehen; eventuell Erbrochenes, Blut oder Fremdkörper aus dem Maul entfernen

### 1. Unfälle oder Bissverletzungen

- Auf jeden Fall den Tierarzt aufsuchen! Innere Verletzungen erkennen Sie unter Umständen nicht und Bissverletzungen sind meistens infektiös. Bei inneren Blutungen werden die Schleimhäute mit der Zeit hellrosa bis beinahe weiß. Der Hund verweigert das Futter und wird apathisch

- Bei starken Blutungen ist es notwendig mit der Hand (Stoffstücken, Mullbinden) Druck auszuüben, um diese zu stoppen; kurzfristig (15 Minuten) kann auch ein fester Druckverband angelegt werden

- Bei Bauchhöhlenverletzungen sind eventuell ausgetretene Eingeweide mit einem sauberen feuchtem Tuch zusammen zu halten, um Verschmutzung und weitere Verletzung der Organe zu verhindern

- Knochenbrüche (erkennbar durch z.B. abnorme Beweglichkeit von Extremitäten, Nichtauftreten, Lahmheit, Schwellung, Knirschen, unnatürliches Herabhängen von Gliedmaßen) sollten vorübergehend fixiert werden. Dies führt zu einer Schmerzlinderung und verhindert die Gefahr von zusätzlichen Weichteilverletzungen.

Eingerammte Gegenstände (z. B. Stöcke, Metallteile) nicht entfernen, der Hund könnte verbluten, oder bei Brustkorbverletzungen ersticken. Wenn möglich, für einfacheren Transport Gegenstände vorsichtig kürzen

**Mund zu Nase Beatmung**

- Das Maul des Hundes schließen und schnell fünf bis sechs Mal in die Nase atmen (die Kraft des Atemstoßes nach Hundegröße variieren)

- Bleibt die Atmung dennoch aus, weiterbeatmen: alle drei Sekunden einen Atemstoß, das sind 20 Atemstöße in der Minute

**Herzdruckmassage**

- In rechter Seitenlage wird unterhalb des linken Ellbogens, zwischen der dritten und sechsten Rippe die Hand (bei Welpen und kleinen Hunden reicht ein Finger) aufgelegt und zehn schnelle Druckbewegungen ausgeführt, alle sechs Sekunden zehn Kompressionen

## 2. Magendrehung

Hierbei handelt es sich um einen lebensbedrohlichen Notfall, von dem besonders große Rassen betroffen sind. Wenn der Hund nach dem Fressen wild spielt, kann es sein, dass sich der Magen zu heftig bewegt, Gase nach oben drängen und der Magen überdreht. Das Tier wird sehr unruhig, versucht vergeblich zu erbrechen. Das Tier speichelt und hechelt, der Bauch bläht sich auf, wird

hart und druckempfindlich. Auf jeden Fall umgehend den Tierarzt aufsuchen!

## 3. Pfotenverletzungen

- Diese bluten oft sehr stark, was den Vorteil hat, dass die Wunde gereinigt wird. Wenn Sie sauberes Wasser dabei haben, spülen Sie nach

- decken Sie die Wunde mit einem sauberen Stück Stoff ab und polstern Sie mit Stoff oder Taschentüchern ab

- legen Sie einen provisorischen Verband an, lieber zu locker, als zu eng. Bei längerer Fahrt legen Sie zwischen den einzelnen Zehen eine Polsterung ein

## 4. Hitzschlag

Hund an sonnigen Tagen niemals im Auto zurücklassen (der Schatten wandert!). Hitzschlag ist erkennbar u. a. durch übermäßiges Hecheln, Mattigkeit; in schweren Fällen: Krämpfe, Fieberschübe, wässriger Durchfall und Bewusstseinsverlust - es herrscht akute Lebensgefahr!

- langsames Abkühlen mit feuchten kühlen Tüchern und den Hund an einen kühlen Ort bringen und Wasser bereitstellen

- je nach Kreislaufzustand den Tierarzt aufsuchen

## 5. Insektenstiche

- gleich kühlen

- bei Stichen im Bereich der Maulhöhle ist in jedem Fall unverzüglich ein Tierarzt aufzusuchen, Erstickungsgefahr

- Lebensbedrohlich ist ein Stich bei allergisch reagierenden Hunden. Wissen Sie um eine Überempfindlichkeit Ihres Tieres, führen Sie besser ein Notfall-Medikamente mit sich

## 6. Fremdkörper im Maul

Spielzeugteile, Splitter von Stöckchen - schnell kann es geschehen, dass Teile davon im Maul des Hundes steckenbleibt. Können Sie es nicht selbst restlos entfernen, bleibt nur der Gang zum Tierarzt. Droht er zu ersticken::

- kleine Hunde an den Hinterbeinen hochheben und schütteln

- größere Hunde an der Brust hochheben und mit Kopf nach unten schütteln

### Mobiler Tiernotdienst 24

Tierarzt Notdienst für Frankfurt und Umgebung. Wir kommen zu Ihnen nach Hause. Jederzeit. Tel: 0160-88 11 884

**Erste Hilfe Kurs**
Tierklinik am Stadtwald Frankfurt
Waldfriedstraße 10
Frankfurt am Main/Niederrad
Tel.: 069-66 80 000
Web: www.tierklinik-frankfurt.de

# Tierarztsuche leicht gemacht

## Wie Software-Entwickler Thomas Hinze auf den Vetfinder kam

Thomas Hinze mit seinem Hund Rex, quasi der Ideengeber für die Vetfinder-App

*Wie kamen Sie auf die Idee zu dem Projekt?*

An einem schönen Sonntag war ich zusammen mit meinem Hund Rex mitten im Harz unterwegs. Leider hatte er sich während des Ausfluges am Bein verletzt und ich brauchte dringend einen Tierarzt. Fehlende Ortkenntnis, Wochenende und die steigende Nervosität machten die Suche trotz mobiler Internetverbindung zu einem Kraftakt. Ich wünschte mir eine Anwendung, mit der ich einen Tierarzt auf Knopfdruck finde – ohne lästiges tippen, mit automatischer Standortsuche, Anruffunktion und Navigation zum Arzt. Über den Projektstatus ist der VETFINDER mittlerweile längst hinaus.

*Woher erhalten Sie die Daten der Tierarztpraxen und Kliniken? Und wie umfassend ist Ihre Datenbank heute?*

Der Großteil, der im VETFINDER verzeichneten Tierärzte und Kliniken wird durch mühevolle Eigenleistung zusammengetragen. Zusätzlich werden regelmäßig fehlende Tierärzte von Nutzern des VETFINDER vorgeschlagen, und durch eine Redaktion überprüft. Derzeit findet der VETFINDER fast 30.000 Tierärzte und Kliniken weltweit.

Man stellt es sich besser nicht vor: Sie sind im Urlaub oder am Wochenende unterwegs – und dann, plötzlich, passiert ein Unfall. Ihr Hund ist verletzt. Sie sind geschockt. Um abseits des gewohnten Umfeldes schnellstmöglich tierärztliche Hilfe zu bekommen, hat Entwickler Thomas Hinze ein praktisches Hilfsmittel erfunden: Die VETFINDER App für iPhones und Androiden. Sie weist kostenlos und mobil den Weg zum nächsten Tierarzt – auch im Ausland. Wir sprachen mit dem IT-Mann …

## Wie finanziert sich die App?

Der VETFINDER ist für Tierhalter völlig werbefrei und gratis. Finanziert wird unser Dienst aus den Beiträgen, die Tierärzte für eine umfangreich Darstellung ihrer Leistungen im VET-FINDER zahlen. Der Betrag ist so gering, dass sich langfristig jeder Tierarzt an diesem Dienst beteiligen kann. Die Angaben kommen auf diese Weise immer aus erster Hand.

## Was sind die technischen Voraussetzungen, um die App zu nutzen?

Die VETFINDER App gibt es als kostenlosen Download für iPhone und Android. Die Standortbestimmung erfolgt per GPS oder WLAN. Für den Datenabruf wird der Zugriff auf das Internet benötigt. Für mobile Geräte mit anderen Betriebssystemen steht eine optimierte Webseite mit ähnlichen Funktionen wie in der App zur Verfügung. Die Seite funktioniert natürlich auch auf heimischen Computern.

### VETFINDER

Mehr Infos unter: www.vetfinder.mobi

# Für Schönheit leiden?

## Wenn der Schönheitswahn selbst bei Hunden nicht haltmacht ...

Wo hört Fürsorge auf und wo fängt Tierquälerei an? In Amerika hat der Trend um die Hundeschönheit bereits einen völlig anderen Stellenwert erreicht. Manche Besitzer schicken ihre Hunde gar zum Schönheitschirurgen. Kleine Makel, wie Hautfalten oder ein eingeknicktes Ohr, werden unterspritzt oder weggeschnitten. Ob dies aus Gründen der Gesundheit oder der Ästhetik geschieht, bleibt außer Frage. Selbst das Einsetzen von Silikonimplantaten ist keine Seltenheit mehr. Eine Firma in Amerika stellt unter anderem Augen- und Hodenimplantate für Hunde und Katzen her, damit das Tier nach einer Kastration sein Selbstwertgefühl bewahrt ... Um wessen Selbstwertgefühl es da eigentlich geht, sei dahingestellt.

### Hunde als Aushängeschild

Hunde dienen oftmals als Aushängeschild. Ihr Aussehen ist vielen Besitzern extrem wichtig. Die Eitelkeit der Besitzer bedient mittlerweile einen großen Markt. Wer nicht in Hunde-Salons geht, findet genügend Beauty- und Wellness-Produkte für zu Hause: Shampoos, Hunde-Parfum, Cremes und Fluids, sogar Nagellack, farblich passend zum Halsband. Anbieter solcher Produkte legen nahe, dass es den Tieren guttun würde. Tierschützer sehen darin reine Quälerei. Hunde haben eine sehr feine Nase. Sie möchten nicht nach Zitrone oder Pink Grapefruit riechen ... Stellen Sie Ihren Hund doch einmal vor die Wahl, sich in Aas oder Pferdedung zu wälzen oder in einer für unsere Nasen wohlriechenden Creme ...

# Shopping & Lifestyle

# Leben & Arbeiten

Hunde sind Lifestyle-Faktor und Anlass, sie mit allem möglichen und unmöglichen Zeugs einzudecken. Darüber schreiben wir. In diesem Kapitel erwarten Sie aber auch bunte Geschichten über Menschen und ihre Hunde, die erste Dating-Plattform für Hundebesitzer oder Hunde im Arbeitsalltag – und was sie dort bewirken.

# Die neuesten Trends für stilbewusste Fellnasen

Bei Landlord in Wiesbaden finden Sie ein außergewöhnlich schönes Sortiment an Hundezubehör und Accessoires namhafter Designermarken.

Die von der Inhaberin Daniela Herde nach artgerechtem Hundebedürfnis und ökologischen Gesichtspunkten sorgfältig ausgewählte Ware bietet eine breite Palette von allem, was Ihr Hund braucht. Das Sortiment bietet Halsbänder und passende Leinen, Geschirre, Hundemarken mit persönlicher Gravur, Näpfe, Hundebars und Premium Futter, Fellpflege, Welpenausstattung, Spielzeug & Hundetaschen. Spezialisiert ist Landlord auf gemütliche und zugleich pflegeleichte Hundebetten und Kissen mit passenden Decken; auf Wunsch mit Namen des Hundes.

Daniela Herde achtet dabei nicht nur darauf, was dem Hundehalter gefallen könnte, sondern vor allem auch, ob es dem Hund gefallen wird. Besteht das Produkt aus Naturfasern und natürlichen Materialien ohne Schadstoffe? Ist das Leder weich und anschmiegsam? Ist das Hundebett bequem, das Futter hochwertig und ohne chemische Zusätze? Tatsächlich stehen im Laden Gläser mit Hühnereintopf und eingemachtem Fleisch, welches wir beinahe für unser Mittagessen gekauft hätten, so lecker sah es aus. Wir hätten es unbesorgt essen können, da es ohne chemische Zusätze, Füllstoffe und ähnliches hergestellt wird.

Viele der Produkte (zum Beispiel Hundebetten oder Halsbänder) können vom Kunden nach eigenen Wünschen bezüglich Farbe, Größe und Stoff zusammengestellt werden. Eine persönliche Beratung findet im Hundeladen statt, gerne darf „Hund" auch zum Probeliegen mitgebracht werden! Ein breite Auswahl bietet Poochy.de (und auch Landlord vor Ort) des New Yorker In-Labels "Found my animal" an. Diese stellen wunderschöne Hundeleinen, Halsbänder und Accessoires für den Alltagsgebrauch her und vereinen Natürlichkeit mit Eleganz und Stil. Und wieder dient Poochy.de einem wohltätigem Zweck und hilft Tieren auf den Straßen New Yorks – 25 Prozent je-

Landlord in den Wiesbadener Arkarden

des verkauften Produktes fließen direkt in ein Tierschutzprojekt ein. An jeder Leine hängt ein Messingplakette mit der Nummer des durch Sie unterstützen Hundes.

Daniela Herde beweist mit ihrer Geschäftsstrategie, dass Ökologie, Wohltätigkeit, fair Trade und Tierschutz mit hochwertigen, exklusiven und eleganten Waren verknüpft werden können.

## Landlord – Lifestyle für Hund & Halter

Wilhelmstr. 36-38
Arkade
65183 Wiesbaden
Tel.: 0611-34 129 77
Mail: info@poochy.de
Web: www.poochy.de

# Mit der Fellnase auf Maloche

## Hunde im Büro sorgen für ein gutes Betriebsklima!

Bereits im Juni 2008 fand der erste bundesweite Aktionstag „Kollege Hund" statt. Auf diesem, seitdem jährlich stattfindenden Ereignis sollen Arbeitgeber und Berufstätige zum Nachdenken angeregt werden: Einen Hund zur Arbeit mitzunehmen, sei nicht nur gut für Tier und Halter, sondern wirke sich auch äußerst positiv auf das Betriebsklima aus. So bekomme der Hund nicht nur tagsüber regelmäßige Gassigänge, sondern auch Gesellschaft, Streicheleinheiten und Beschäftigung. Nachgewiesenermaßen verbessern Bürohunde den Gesundheitszustand der Arbeitnehmer. Allein die Anwesenheit eines Hundes hat eine Stress- und somit Blutdrucksenkende Wirkung. Streicheln des Hundes kann Endorphine hervorlocken, die Kopfschmerzen, Erkältungserscheinungen, Müdigkeit und Verdauungsprobleme mindern und mildern.

### Keine gesetzlichen Regelungen

Per Gesetz gibt es keine Regelung, die einen Angestellten zum Mitbringen seines Hundes ins Büro berechtigt. Jedoch stehen die Chancen gut, wenn der Chef selbst Hundebesitzer ist. Darf der Hund – zur großen Alltagserleichterung für ihn und der seines Herrchens – mit zur Arbeit, gibt es ein paar Dinge zu beachten. Nicht nur der Chef, sondern auch die Kollegen sollten mit dem neuen vierbeinigen Mitarbeiter einverstanden sein. Angst vor Hunden und/oder eine Tierhaarallergie könnten das Ganze rasch beenden. Der Hund sollte von seinem Sozialverhalten her ins Büro passen und dort für ihn passende Umstände vorfinden. Als Tier, das Routine mag, braucht er seinen festen Platz (Decke oder Körbchen) und regelmäßige Schlaf- und Gassizeiten. Auch möchte er – zumindest zeitweise – beschäftigt werden. Für berufstätige Menschen ist die Möglichkeit, den Hund mit zur Arbeit nehmen zu dürfen, sicherlich eine der besten. Sollte es nicht möglich sein, gibt es jedoch auch noch andere Alternativen, die wir Ihnen auf den nächsten Seiten vorstellen.

### Mehr Infos

Der Tierschutzbund bietet ausführliche Infos zum Thema Hund und Arbeitsalltag unter der Website: http://www.tierschutzbund.de/aktion/kampagnen/heimtiere/kollege-hund.html

# Wohin mit dem Hund, wenn ich auf der Arbeit bin?

## Der neuer Luxus der vierbeinigen Kunden von Hutas & Co.

Aus Sicht des Hundes ist der ideale Hundebesitzer mit Sicherheit arbeitslos und wohlhabend und widmet sich den ganzen Tag vorrangig der Beschäftigung seines Haustiers. Studenten stehen garantiert ebenso hoch im Kurs und auch ein selbständiger Hundemensch ist wohl gerade noch zu tolerieren, wenn er seine Zeit hundgerecht organisiert und die richtigen Prioritäten setzt. Aber der Rest der arbeitenden, hundehaltenden Bevölkerung schneidet vermutlich nicht so gut ab. Nach der abendlichen Heimkehr mit dem vorwurfsvollen tieftraurigen Hundeblick des haarigen Mitbewohners konfrontiert, bleiben Gewissensbisse nicht aus. Und das ist auch gut so. Die Zeiten, in denen Hunde aus organisatorischen Gründen und der Einfachheit halber fünf Tage die Woche für zehn Stunden im Zwinger saßen, sind zum Glück, zumindest in unseren Breiten, weit-

Wer geht mit mir Gassi, wenn Frauchen arbeiten gehen muss?

gehend vorbei. Wohin also, wenn die Zeit mal wieder fehlt, wenn eine arbeitsreiche Woche bevorsteht oder andere Gründe einen daran hindern, den Hund entsprechend auszulasten?

Einfach ist es nicht, qualifizierte, zuverlässige und passende Betreuung zu finden. Denn schließlich sind wir selbst das Beste, was wir unserem Hund bieten können. Wer also kann es uns recht machen?

In Großstädten wie Frankfurt gibt es einen immer größer werdenden Markt an verschiedenen Betreuungsangeboten und das ist für viele Hunde die Rettung aus der Vereinsamung. Fallen Familienmitglieder aus, finden sich oftmals in der örtlichen Tageszeitung Schüler, Rentner oder hundeerfahrene Personen, die Betreuung anbieten.

Jedoch reicht das zumeist nicht, um eine volle Arbeitswoche abzudecken. Adäquat zu Kindergärten haben sich Hundetagesstätten (HuTas) etabliert. In Frankfurt und direkter Umgebung gibt es eine Vielzahl Hundetagesstätten, Hundekindergärten und Hundepensionen. Hier kann der Hund in der Regel zu bestimmten Zeiten abgeben und abends wieder abgeholt werden. Wird zusätzlich eine Betreuung über Nacht angeboten, wird die Huta zum Hundehotel oder der Hundepension. Während eines Urlaubs kann der Hund meistens auch gerne mal für einen längeren Zeitraum abgegeben werden. Zudem gibt es die Möglichkeit, einen Hundebetreuer zu engagieren, der teilweise auch gleich noch auf das eigene Haus mit aufpasst. Während es sich bei Hundetagesstätten um eher langfristige Betreuung handelt, kann ein Betreuer auch für kurze Zeiträume, zum Beispiel eine Dienstreise oder auch mal ein Wochenende einspringen.

## Was sollte eine gute Hundetagesstätte leisten?

- Wieviel Bewegungsfreiheit hat Ihr Hund?
- Wie oft, wohin und wie lange wird mit Ihrem Hund Gassi gegangen?
- Wieviel Personal kümmert sich um die Tiere?
- Welche Ausbildung haben Inhaber und Mitarbeiter?
- Welche Erziehungsmethoden werden angewandt? Stimmen diese mit Ihren überein?
- Haben die Hunde Rückzugsmöglichkeiten? Einen Ort für ein Mittagsschläfchen?
- Wie ist es um die Hygiene bestellt?
- Wie groß ist das Rudel und wie gehen die Tiere untereinander mit sich um?
- Gewährt man Ihrem Hund eine Eingewöhnungszeit?
- Wie verhält sich die Huta, sollte ein Hund krank werden?
- Wie werden alte und gebrechliche Hunde betreut?

Waschen, Schneiden, legen

Die von uns besuchten Hutas lassen nichts zu wünschen übrig und bei der Prüfung unserer o.g. Tipps schnitten sie durchweg positiv ab. Testen Sie Ihrem Hund zuliebe Ihre Hutas gründlich! Eine der von uns besuchten Hutas befindet sich mitten im Stadtgebiet Frankfurts. Da es dort mit dem Freilauf naturgemäß schwierig ist, fährt Inhaberin Ann-Kathrin Schumann täglich mit den Tieren auf ein in nahegelegenen Kronberg eigens angemietetes großes Wiesengrundstück, wo die

Hunde toben und spielen können. Ann-Kathrin Schuhmann betreibt nicht nur eine Hunde Huta, sondern auch noch ein Katzenhotel und eine Hundewaschsalon.

Im Doggyhouse haben die Hunde viel Platz zum Toben. Das Rudel ist hier recht groß, dennoch hat die Chefin Manuela Keßler alles fest im Griff. Mit ein paar Handzeichen und Blicken lässt sie einen Hund nach dem anderen Platz machen, so dass wir uns friedlich unterhalten können. Die Huta und Hundepension ist auf dem ehemaligen TÜV- Gelände in Offenbach. Die Hunde haben auf 3000 qm sehr viel Platz zum Rennen und Toben und weite Sandflächen, viele Pflanzen, Podeste zum Springen, Schatten durch Sonnensegel und eine Poollandschaft zur Verfügung.

Planschbecken in Franks Hundeschule

Ein besonders großes Gelände bietet Franks Hundeschule, ca. 30 Minuten von Frankfurt entfernt. Auf 10.000 qm können sich die Hunde den ganzen Tag frei bewegen und mit ihren Artgenossen spielen. Zusätzlich zum Freilauf wird mit den Hunden spazieren gegangen, gespielt und auf Wunsch trainiert. An heißen Tagen kühlen sich die Hunde (samt Frank himself) im Plantschbecken ab.

## Hundebetreuung Frankfurt

Ann-Kathrin Schuhmann (Inhaberin)
Bornheimer Landstr. 48
60316 Frankfurt
Tel.: 069-40 03 20 30
Mobil: 0151-40 44 22 28
Web: www.hundebetreuung-frankfurt.de
Mail: info@hundebetreuung-frankfurt.de

## Doggyhouse

Manuela Keßler
Bierbrauerweg 64
63071 Offenbach am Main
Mobil: 0163-37 77 233
Web: www.doggyhouse.de

## Tiertaxi Frankfurt & Hundepension

Klaus Hilser
Sulzbacher Str. 18
60326 Frankfurt
Tel.: 069-75 08 69 87
Mobil: 0160-92 08 90 33
Mail: info@tiertaxi-frankfurt.de

## Franks Hundetraining und Hundeherberge

Frank Sachadae
Altenstädterstr. 25
61194 Niddatal
Tel.: 06187-90 27 937
Mobil: 0173-53 01 352
Web: www.franks-hundetraining.de

Besondere Fotos von besonderen Hunden für besondere Erinnerungen

Ihr Hund, Sie und Ihr Hund, Outdoor, im Studio oder bei Ihnen Zuhause. Auch als Geschenk-Gutschein.

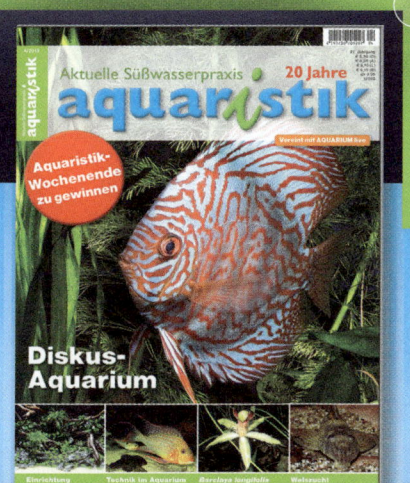
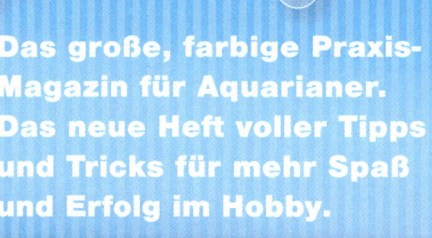

# Liebe geht über den Hund

## Wie ein Start-Up Hund und Menschen zusammenbringt

Neulich im Park staunten wir nicht schlecht: Da hingen Zettel mit einem kuriosen Bild – ein Hund in Yogastellung, darüber die Frage: Haben Sie diesen Hund gesehen? Es war eine Werbeaktion des Berliner Start-Ups Snoopet. Und wenn was mit Hunden zu tun hat, ist es natürlich sofort unser Thema. Snoopet ist ein Kontaktportal für „Hundeliebhaber in Deutschland" heißt es auf www. snoopet.de. Es ist ein soziales Netzwerk, das Menschen und ihre Hunde mit gleichen Interessen in der näheren Umgebung zusammenbringt. So eine Art Facebook für Hund und Halter. Über die Webseite www.snoopet. de kann man ein Profil von sich und seinem Vierbeiner erstellen und sich mit anderen Usern austauschen – und mobil per Smartphone-App zu spontanen Treffen oder Hunde-Dates verabreden.

Wir sprachen mit der Gründerin von Snoopet, Larissa Maes, und wollten wissen, was Hundebesitzer von der Plattform haben:

*Snoopet bietet eine Gassi-Routen-App, mit der man sich verabreden kann. Wie groß ist da der Dating-Faktor?*

Bei Snoopet geht es vor allem darum, Spaß zu haben, neue Gassipartner zu finden, neue Gassi-Routen zu entdecken oder

sich unkompliziert mit Bekannten zur Gassirunde zu verabreden. Aber ganz klar: Wer den Dating-Faktor sucht, wird ihn auf Snoopet sicher auch finden. Jeder kann für sich und seinen Hund ein Profil anlegen und dann direkt in passenden Profilvorschlägen stöbern. Als Highlight können Snoopet-User neue spannende Gassi-Routen entdecken und über die Smartphone – App ihre eigenen Lieblingsrouten anlegen. Zusätzlich können User mobil direkt in gelaufene Routen einchecken und sehen, wer die gleiche Route gelaufen ist.

*Wie sind Sie auf die Idee gekommen, Snoopet zu gründen?*

Ich bin selbst eine große Hundeliebhaberin und weiß deshalb, dass der Hund ein großartiger Gesprächsstoff-Garant und „Eisbrecher" ist. Ein mobiles Kontaktportal für Hundefreunde musste her! Und bei diesem sollte der Hund im Mittelpunkt stehen. Schließlich muss der eigene Hund einen neuen Freund oder die große Liebe ja auch „riechen" können – Hunde sind bei der Partnerwahl ein wichtiger Faktor.

*Welche Zielgruppe sprechen Sie genau an?*

Auf Snoopet kann sich jeder registrieren, der Hunde gern hat – ganz egal, ob er oder

Ihr Onlineshop für
ausgefallenes
Hundezubehör

# Wundertier®

## NATURKOST & DROGERIE FÜR HAUSTIERE

neu!

Natur- & Bionahrung
Pflege
Gesundheits- & Medizinprodukte
Snacks
Ernährungsberatung
BARF

*Dafür wird er Sie lieben!*

ebshop:
under-tier.de

Ladengeschäft:
Garchinger Str. 36
80805 München
089/17929942
10-19 Uhr, Sa 10-15 Uhr

Larissa Maes, Gründerin von Snoopet, einem Berliner Start-Up, das Herrchen und Frauchen zusammenbringen will

sie sich mit Gleichgesinnten austauschen will oder auf der Suche nach neuen Freunden, Gassi-Partnern oder der großen Liebe ist. Snoopet ist etwas für alle, die eine neue „Liebe mit Hund" suchen oder Menschen kennenlernen wollen, die „lieber mit Hund" sind.

### Kostet Snoopet Geld?

Alle Snoopet-Features sind kostenlos nutzbar – und Schritt für Schritt fügen wir weitere spannende Funktionen für Mensch und Tier hinzu. Jeder User kann sich kostenlos registrieren, für sich und seinen Hund ein Profil anlegen, direkt in den vorgeschlagenen Kontakten stöbern und natürlich die kostenlose Smartphone-App nutzen. Wir wünschen viel Spaß beim Schnuppern, Austauschen und Kennenlernen!

### Erzählen Sie uns eine Snoopet-Liebesgeschichte: Was erleben Ihre User mit

### Snoopet? Bekommen Sie da Rückmeldungen?

Snoopet gibt es ja erst seit November 2012 – damit stehen wir quasi noch unter „Welpenschutz". Aber tatsächlich hören wir schon jetzt regelmäßig von Freundschaften und Gassi-Partnern, die sich ohne Snoopet nicht gefunden hätten. Das freut uns natürlich tierisch und wir hoffen, dass sich noch viele weitere Menschen über den Hund kennen und vielleicht sogar lieben lernen!

### Snoopet

Snoopet ist das erste Kontaktportal für Hundebesitzer in Deutschland. Das soziale Netzwerk bringt sie und Menschen mit gleichen Interessen in der näheren Umgebung zusammen.
Mehr Infos unter: www.snoopet.de

242

# Gott & die Hundewelt

# Trauer

# & Tod

Irgendwann kommt der Tag, vor dem wir uns alle fürchten … der Zeitpunkt kommt, an dem unser vierbeiniger Freund gehen muss. Sei es Alter, Krankheit oder eine Verletzung – wir müssen entscheiden, was nun mit unserem Hund geschehen soll. Denn das Glück, dass er friedlich über Nacht in seinem Körbchen einschläft, haben wir leider nur selten. Was nun?

# Wenn der Hund Trauer trägt

## Wie kann ich nach meinem Tod für meinen Hund sorgen?

Unser Leben ist endlich und es ist meist nicht absehbar, wie und wann es zu Ende geht. Es gibt nicht selten den Fall, dass der Hund den Menschen überlebt. Doch was dann? Wohin mit dem Tier? Es ist nicht zwangsläufig davon auszugehen, dass die Hinterbliebenen, Freunde oder Nachbarn den Hund aufnehmen. Vielleicht hat jemand eine Hundehaarallergie, der Vermieter erlaubt keine Hunde, es kommt zu Konflikten mit bereits vorhandenen Haustieren, es ist zu teuer – oder ein Hund ist schlicht nicht erwünscht. Eine Vielzahl von Gründen kann dazu führen, dass unser Vierbeiner auf einmal ganz alleine auf der Welt ist. Und was ist die Folge? Das Ordnungs- oder Veterinäramt ordnet die Hundeverwahrung in einem Tierheim an. Und so sehr sich die Tierpfleger dort auch bemühen mögen – es ist kein Vergleich zu dem Leben, das unser Hund vorher führte.

### Frühzeitig vorsorgen

Regeln Sie den Verbleib Ihres Hundes rechtzeitig. Oft ist es so, dass es zu Hause irgendwo eine Mappe mit den nötigen Informationen gibt, was nach unserem Tod zu geschehen hat, welche Versicherungen wo bestehen, was wie gekündigt werden soll.

Da sollte es doch eine Selbstverständlichkeit sein, den Verbleib unserer Haustiere zu regeln! Am besten wäre es natürlich, wir hätten einen Menschen, der unseren Hund mag und den dieser auch mag. Einen Menschen, bei dem wir beruhigt sein könnten, dass er unser Tier in unserem Sinne weiter versorgt und ihm auch seine gewohnten Schmuseeinheiten zukommen lässt.

Haben wir diesen Menschen nicht, wird es komplizierter. Sind Sie in der glücklichen Lage, ein Erbe verteilen zu können, können Sie auch finanziell für Ihren Hund Vorsorge treffen. Zwar dürfen Sie ihm direkt nichts vererben, da Hunde gesetzlich als Sache angesehen werden und somit nicht rechtsfähig und erbberechtigt sind, aber Sie können diese Rechtslage umgehen. Sie können verfügen, dass ein Notar als Testamentsvollstrecker die Aufgabe übernimmt, in Ihrem Sinne eine gute Pflegestelle für das Haustier zu finden. Das Erbe kann in diesem Fall als regelmäßige Zuwendung oder einmalige Zahlung überwiesen werden. Sie können auch im Testament einen Erben benennen, der sich zur lebenslangen Pflege des Tieres verpflichtet, um seinen Erbanteil zu erhalten. Finden Sie niemanden im Familien- oder Freundeskreis, so können

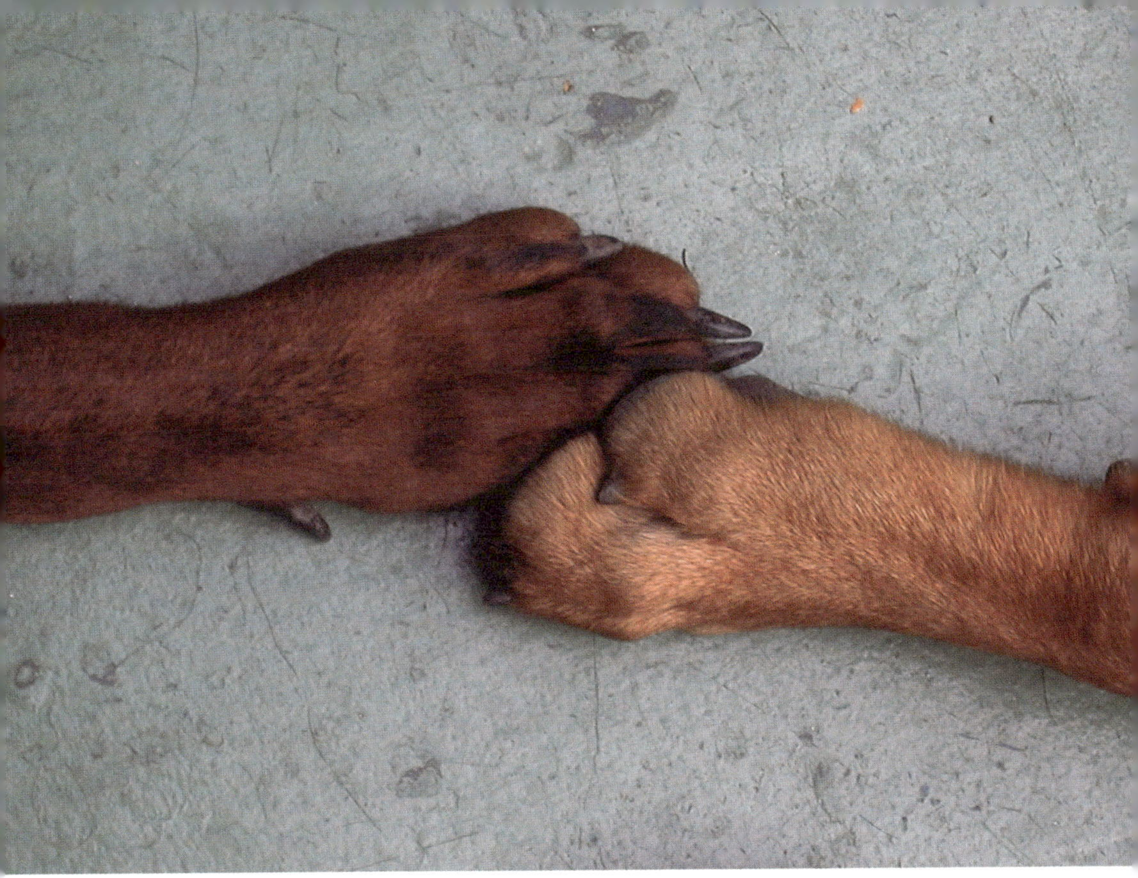

Sie auch eine juristische Person, also zum Beispiel einen örtlichen Tierschutzverband, einen Verein oder eine Stiftung im Testament bedenken. Sie können schriftlich im Testament festhalten, welches Futter Ihr Hund bekommen soll oder wie er untergebracht werden soll. Haben Sie kein Erbe zu verteilen, nehmen Sie doch einfach Kontakt zu einem örtlichen Tierschutzverein auf, der im Ernstfall zu benachrichtigen ist. Dort hat Ihr Tier oftmals die Möglichkeit, bis zur Vermittlung erst einmal in eine Pflegefamilie zu kommen und nicht gleich in ein Tierheim zu müssen.

# Auch nach ihrem Tod haben Tiere ein Recht auf Würde

## Gespräch mit dem Tierbestattungs- unternehmer Hans-Peter Clieves

Vielstimmiges Gebell begrüßt uns, als wir bei dem Scottish Terrier Züchter und Tierbestatter Dr. Hans-Peter Clieves klingeln. Kurz darauf wuseln die kleinen schwarzen Kerlchen mit den langen Schnauzen, den ausdrucksvollen Augen und dem buschigen Schnauzbart um unsere Füße. Es sind so viele, dass Zählen zwecklos ist. Ein Züchter, der seine Zucht nicht verkauft? Nein. Ein Züchter, der seine Tiere nicht „privatisiert", so sie denn das Alter erreicht haben, in dem sie nicht mehr für die Zucht verwendet werden (ca. acht Jahre). „Sie bleiben bei meiner Frau und mir und dürfen in Würde alt werden. Sie sind unsere Familie", so Hans-Peter Clieves. Entsprechend ist der Großteil der Meute auch deutlich über acht, der Älteste derzeit über zwölf Jahre alt. Er hört nicht mehr gut und ist behäbig. Sobald jedoch eine Tüte mit Leckerlies ins Spiel kommt, wackelt er mit dem Rudel herbei, um seinen Teil zu erhalten.

Wir gehen zusammen mit der Horde Scotties zum Interview auf die Terrasse. „Scottisch Terrier hatten ihre Hochzeit in der 30er Jahren. Seitdem sind sie aus der Mode gekommen. 99% seiner Käufer hatten diese

Rasse schon einmal und bleiben ihr treu", erzählt Clieves. Die Welpen (ein Wurf im Jahr) gibt er erst mit zwölf Wochen ab, mit erster Rudel- und Welpenschulerfahrung. Wichtig ist ihm, dass seine „Langnasen" die „Plattnasen" (Möpse, Boxer, Bulldoggen u.a.) kennenlernen und verstehen, dass diese naturgemäß so aussehen und nicht drohend die Zähne fletschen. Das macht das Leben mit einem Scottish Terrier später einfacher. Die Clieves züchten Scotties seit vor 25 Jahren seine Frau das erste Tier mit in die Ehe brachte. In all den Jahren gab es naturgemäß auch zahlreiche Todesfälle.

### Bestatter und Seelsorger

Und so schlagen wir einen Bogen zu seinem eigentlichen Beruf. Hans-Peter Clieves ist Tierbestatter. „Bestatter und Seelsorger", wie er sagt. Viele Jahre ließ er seine verstorbenen Hunde bei Tierbestattern einäschern, dann bot sich ihm die Chance als Franchisenehmer von „Anubis" selbst in die Branche einzusteigen. „In Amerika, in Frankreich und auch in anderen Ländern ist die Tierbestattung seit Jahrzehnten üb-

Dr. Clieves und ein paar seiner Lieblinge

lich. Es ist eine Kulturfrage. Die Deutschen sind immer noch erst dabei, eine pietätsbewusste Haltung zu ihren verstorbenen Tieren zu entwickeln", meint er. Bemerkenswert findet er, dass in den letzten Jahren zunehmend Muslime zu seinen Kunden gehören. Denn im Koran schneiden Hunde nicht gerade gut ab. Dennoch sind viele Muslime darum bemüht, ihrem Tier eine ihrer Konfession nach angemessene Bestattung zukommen zu lassen. Dies zeugt von einer Kultur, die auch in anderen Ländern der Welt eine lange Tradition hat. Bereits die Pharaonen im vorchristlichen Ägypten ließen ihren Lieblingstieren eigene Pyramiden bauen, während die Deutschen noch heute ihre Tiere zur Entsorgung geben.

Auch scheint es, als mache man sich in Deutschland nur wenig Gedanken darüber, dass das Haustier eines Tages sterben könne. So bietet Anubis eine Sterbeversicherung an, eine Ansparmöglichkeit auf die Bestattung, welche jedoch nur selten genutzt wird. Der Tod des Tieres und was danach mit ihm geschehen soll, wird von den meisten Tierhaltern weitestgehend ausgeblendet. „Jeder wünscht sich, dass sein Tier friedlich über Nacht zu Hause einschläft. Doch das geschieht fast nie. Und selbst wenn ein Tier zu Hause stirbt, ist es in der Regel kein so stiller und friedlicher Tod, wie es sich der Besitzer wünscht. Die Mehrzahl aller Haustiere beenden ihr Leben beim Tierarzt", so Clieves. Wer nicht möchte, dass sein Tier einfach nur entsorgt wird und selbst keine Möglichkeit hat es zu begraben, der benötigt die Hilfe eines Tierbestatters. „Manchmal werde ich gefragt, ob man sich im Laufe der Zeit daran gewöhnt, dass die Tiere sterben, aber das

ist nicht so. Den Schmerz und die Trauer durchlebt man immer wieder aufs Neue. Ich denke, es kann nur jemand Trost spenden, der den Verlust auch selbst durchlitten hat. Die Tätigkeit als Seelsorger für die hinterbliebenen Menschen ist für mich der befriedigendste Teil meiner Arbeit als Tierbestatter. Ich komme abends meist mit dem guten Gefühl nach Hause, jemandem geholfen zu haben." Als Bestatter sind er und sein Mitarbeiter 24 Stunden pro Tag und 365 Tage im Jahr im Dienst. „Wir garantieren, dass wir in dem von uns betreuten Gebiet innerhalb eineinhalb Stunden vor Ort sind, um sicherzustellen, dass das Tier in Würde seinen letzten Weg antritt." Dem Tierzüchter und Tierbesitzer Dr. Clieves ist es selbstverständlich auch als Tierbestatter besonders wichtig, dass die Tiere sorgsam und in natürlicher Haltung gelagert werden. „Wie behandeln die fremden Tiere so, wie ich es mir für meine eigenen Tiere auch vorstelle", sagt er, „schließlich sind sie unsere Familienmitglieder gewesen."

## Eigener Andachtsraum

Dr. Clieves gibt jedem Besitzer den Tipp, die Tierärzte über die Bestattung zu informieren und sie darum zu bitten dafür Sorge zu tragen, dass das Tier sorgsam und in natürlicher Haltung in den Plastikbehälter gelegt wird. Jeden einzelnen Schritt erklärt er dem Besitzer vor Ort oder am Telefon und soweit es in seiner Möglichkeit steht ist er bemüht die Wünsche seiner Kunden zu erfüllen. Auch bietet er seinen Kunden ein umfangreiches Angebot an Särgen, Urnen, Grabzubehör und Erinnerungsartikeln an. Im Tierbestattungsinsti-

tut gibt es einen Andachtsraum. Der Trau-
ernde kann sein verstorbenes Tier selbst
in den Sarg legen und gegebenenfalls das
Grab auf einem Tierfriedhof aussuchen.
Und natürlich kann er auf Wunsch bei der
Beerdigung oder auch im Krematorium anwesend sein. Die heutigen Tierkrematorien
stehen denen für Menschen in nichts nach.
Es gibt einen Raum, der mit Kerzen und
Blumen geschmückt ist, in dem die Trau-
ernden in Ruhe Abschied nehmen können.
Ob sie dann die Asche des Tieres mit nach
Hause nehmen oder dem Bestatter den weiteren Weg überlassen, bleibt ihre Entscheidung. Hans-Peter Clieves: „Oft heißt es in
der Werbung mancher Bestatter, dass die
Asche auf dem Tierfriedhof oder einer in-
stitutseigenen Wiese verstreut wird. Dann
wäre aber die Wiese riesengroß oder die
Asche würde meterhoch liegen. In der Regel wird die Asche eben nicht auf einer blü-
henden Wiese verstreut, sondern im Müll
entsorgt." Hans-Peter Clieves ist ehrlich zu
seinen Kunden. So haben sie auch in dieser Frage die Wahl, was mit der Asche geschieht. Die meisten verstreuen sie dann
selbst auf einer Lieblingsstelle des Tieres …

## ANUBIS-Tierbestattungen

Inhaber: Dr. Hans-Peter Clieves
Hofheimer Str. A
65931 Frankfurt-Zeilsheim
Tel.: 069-30 03 89 80
Notfallnummer: 0151-11 51 15 45
Web: www.anubis-tierbestattungen.de

# Wo die Seelen ihren Frieden finden

## Letzte Ruhe auf dem Tierfriedhof

Mehr als 1,4 Millionen Hunde und Katzen sterben jährlich in Deutschland. Auf dem Land werden beinahe 80 % der beim Tierarzt verstorbenen Tiere wieder mitgenommen und selbst vom Besitzer bestattet. In der Stadt ist dies problematischer, dort sind es dann entsprechend auch nur ca. 40 %. Wer seinen Vierbeiner beim Tierarzt lässt, entscheidet sich für die industrielle Tierverwertung. Dann gibt es noch diejenigen, die ihr Tier von einem Tierbestatter beerdigen lassen (siehe Artikel Frankfurter Tierbestatter). Einige von ihnen werden dann auf einem Tierfriedhof beigesetzt. Im Laufe der letzten Jahre nehmen Tierfriedhöfe einen immer größer werdenden Stellenwert als Rückzugsorte für trauernde Tierbesitzer ein. Durch die Möglichkeit, ungestört ihrem geliebten Tier zu gedenken, erfüllen die Tierfriedhöfe für den hinterbliebenen Tierbesitzer eine wichtige Aufgabe.

Seit 1996 betreibt der Tierschutzverein Frankfurt am Main und Umgebung von 1841 e.V. den Tierfriedhof Frankfurt GmbH. 1.200 Gräber gibt es bisher auf dem 8.500 ha großen Grundstück.

Ein Grab kann für mindestens drei Jahre gepachtet und bis zu zwölf Jahre verlängert werden. Die Pachtgebühr für ein Einzelgrab beinhaltet einen Grabrahmen und einen eigenen Schlüssel zum Friedhof. Bei anonymen Sammelgräbern werden bis zu zehn Tiere beigesetzt. Diese Form der Beisetzung wird oft gewählt, wenn die Tierbesitzer nicht in der Nähe wohnen und somit keine regelmäßige Grabpflege betreiben können, aber dennoch ihr Tier auf einem Friedhof begraben lassen möchten. In diesem Fall aber auch bei Einzelgräbern bieten die Betreiber eine komplette Grab- und Gießpflege durch einen Gärtner an.

Und dieser Mann ist ein Mann mit Herz! Bei unserem Besuch führt er uns über das wie ein kleiner Park angelegte Gelände und erzählt uns währenddessen etwas über das Prozedere. Für jedes Grab wird von ihm oder seinem Helfer eigens ein Holzkasten gezimmert, der als Grabbegrenzung dient. Urnen oder Särge können käuflich erworben werden, der Tierbestatter bietet eine reichhaltige Auswahl. Kein Tier kommt direkt mit der Erde in Berührung, hat ein Besitzer kein Tuch dabei, holt er eines aus

Gedenkstein für alle verstorbenen Tiere

seinem Vorrat. "Kein Tier wird bei mir nur einfach so in die Grube gelegt", sagt er. "Jedes Tier ist doch mal geliebt worden. Dann kann ich doch auch dafür sorgen, dass es in Würde seinen letzten Weg geht." Man sieht es ihm an, dass ihm auch nach mehreren Jahren Arbeit auf dem Friedhof der Tod eines geliebten Tieres noch immer ans Herz geht. Seinen Friedhof hält er sauber. Um die Ruhestätten, zu denen die Besitzer irgendwann nicht mehr kommen, kümmert er sich. Über einen gepflegten Weg kann man an den geschmückten Gräbern entlang spazieren. Viele sind liebevoll dekoriert, mit frischen Blumen geschmückt, an manchen findet sich ein Bild des Vierbeiners, ein letzter Gruß auf einem kleinen Grabstein, eine Statue. Sie zeugen noch immer von Liebe über den Tod hinaus.

Es ist ein friedvoller Ort, wo man sein Tier besuchen kann und der Abschied nicht ganz so abrupt ist. Auf diesem Friedhof werden mehr Katzen als Hunde begraben und es gibt eine lauschige Ecke, in der Gnadenhoftiere ihre letzte Ruhe finden. Dort liegen Ziegen, Hühner, Hasen, Meerschweinchen und Schildkröten in dekorierten Gräbern. An Tiere, die auf dem Friedhof anonym begraben wurden, erinnert ein Gedenkstein.

## Tierfriedhof Frankfurt GmbH

Ferdinand-Porsche-Straße 2-4
60386 Frankfurt
Tel.: 069-41 45 79

## Darf man Haustiere selbst vergraben?

Wer ein eigenes Grundstück hat, darf seinen Vierbeiner dort auch begraben – allerdings mit Auflagen. Bei Hamstern, Fischen oder Meerschweinchen kann das formlos passieren und ist Privatsache. Ist das Tier größer – wie ein Hund – muss ein formloser Antrag auf Hausbestattung beim Veterinäramt eingereicht werden. Wenn keine meldepflichtige Tierkrankheit vorhanden war, wird man sein Haustier in der Regel selbst bestatten können. Aber Vorsicht: das eigene Grundstück darf nicht in einem Wasserschutzgebiet liegen. Das Grab muss bis zwei Meter von öffentlichen Wegen entfernt sein. Außerdem sollte das Tier in leicht verrottendem Material eingewickelt werden, und mindestens einen halben Meter unter der Erde liegen.

MEVISTO

SAPHIRE & RUBINE

*Longer than Life*

## Als Edelstein werden wir Dich nie vergessen.

Unvergleichliche Saphire und Rubine, hergestellt aus den Haaren
oder der Asche eines geliebten Hundes.

*www.mevisto.eu*

# Infos & Adressen

Die besten Adressen und Kontakte der Frankfurter Hundewelt …

## Züchter, Tierheim & Co.

### BVZ - Berufsverband zertifizierter Hunde-trainer e.V.
Andreas Heusinger von Waldegge (Vorsitzender)
Heinrich-Schütz-Allee 242
34134 Kassel
Tel.: 0561 40700775
Fax: 0561 50332157
Mobil: 0176 10424310
E-Mail: info@bvz-hundetrainer.de
Web: www.bvz-hundetrainer.de

### Jagdgefährten e.V - 2. Chance für Jagd-hunde
Annoweg 2
58675 Hemer
Tel. 02372-76853
Web: www.jagdgefaehrten.de
*Die Jagdgefährten, allesamt Jagdhundeführer mit Leib und Seele, möchten diesen Hunden eine zweite Chance geben: die Chance auf eine art- und rassege-rechte Haltung und die Chance auf eine glückliche gemeinsame Zukunft - ob als Jagd- oder einfach als Weggefährte. Wir vermitteln unsere Hunde an Jäger und Nicht-Jäger, die ihrer Aufgabe als Jagdhunde-halter ehrlich gerecht werden wollen.*

### Tierheimhelden
Daniel Medding
Mobil: 0176/21140756
E-Mail: daniel@tierheimhelden.de
Web: www.tierheimhelden.de
*Unterstützen Sie Tierheimhelden durch ein „Gefällt mir" auf der Facebookseite: www.facebook.com/tierheimhelden*

---

## Futter & Philosophie

### Edenfood
Aus Liebe zum Tier
Tel.: 089 2885 9490
E-mail: info@edenfood.de
Web: www.edenfood.de
Web: www.facebook.com/edenfood.de
*Im Familienbetrieb stellt Edenfood Tierfutter in BIO-Lebensmittelqualität her, welches perfekt auf die Bedürfnisse unserer Hunde und Katzen abgestimmt ist und durch seine nachhaltige und ökologische Produktion zum Umwelt- und Tierschutz beiträgt.*

### Wundertier
Naturkost & Drogerie für Haustiere
Garchinger Str. 36
80805 München
Tel.: 089 -17929942
E-Mail: info@wunder-tier.de
Web: www.wunder-tier.de

## Sitz & Platz

### coach4dogs
Daniela Hess
Nordring 31
60388 Frankfurt
Tel.: 06109 - 7 24 29 77
Mobil: 0179 - 4 68 49 89
E-Mail: info@coach4dogs.de
Web: www.coach4dogs.de
*Für mehr Kompetenz rund um Ihren Hund. Gezieltes Einzeltraining für Hund und Mensch. Ver-haltensberatung. Gruppenkurse Kommunikation, Lernen und Beschäftigung.*

### Dangerous-Dogs.de
Dieter M. Zurr
Feldbergstraße 62
D-61440 Oberursel
Mobile: 0177 680 26 51
Tel: 06171 96 10 163
Fax: 06171 58 22 74
E-Mail: look@dangerous-dogs.de
Web: www.dangerous-dogs.de

### Die mobile Hundeschule
Inhaber: Heinz Reif
Deisenham 9
83308 Trostberg
Systemzentrale der mobilen Hundeschule für Eur-opa
Tel.: 01805-339 111 oder 0049-(0)8621-648444
E-Mail: Info@chiemgauer-hundeschule.de
Web: www.die-mobile-hundeschule.com

### goldwolf.de
Mein Hund – Sein Portal
Marion Lukaschewski
Aachener Strasse 431
50933 Köln
Web: www.goldwolf.de
E-Mail: mail@goldwolf.de
*Das deutschlandweite Seminar- und Veranstaltungs-portal für alle hundebegeisterten Menschen!*
*Was? Wann? Wo?*
*Alle Angebote sortieren, vergleichen und direkt on-line buchen!*
*KOMM! SITZ! KLICK!*

### Hundeschule BunterHund
Bürgerstr. 38
60437 Frankfurt
Tel.: 0178-785 57 72
E-Mail: info@hundeschule-bunterhund.de
Web: www.hundeschule-bunterhund.de
*„Coaching – Verhaltenstherapie –Gesundheitsma-nagement"*
*Wir bieten freundliche und fundierte Hundeerzie-hung auf Basis positiver Verstärkung.*

## Hundeschule Canis Lupus Cogitans

Lersnerstraße 22
60322 Frankfurt am Main
Tel.: 069-95 77 65 58
Mobil: 0160-32 47 688
E-Mail: info@canis-lupus-cogitans.de
Web: www.canis-lupus-cogitans.de
*DUMMY TRAINING – für alle Apportierfreaks!*
*Spaß – Kopfarbeit – Auslastung & eine harmonische*
*Mensch-Hund Beziehung!*

## Hundeschule Conradi

Im Gartenfeld 12a
61440 Oberursel
Tel.: 06172-597 06 53
Mobil: 0179-592 75 71
Fax: 06172-287 42 84
E-Mail: info@hundeschule-conradi.de
Web: www.hundeschule-conradi.de
Facebook: www.facebook.com/HundeschuleConradi

## Hundeschule Pfötchenfreunde

Ina Hoffmann
Feldweidweg 10
61184 Karben
Tel.: 06039-4678129
E-Mail: info@pfoetchen-freunde.de
Web: www.pfoetchen-freunde.de

## Hundetherapiezentrum-Frankfurt

Spezialisten für Verhaltenstherapie
Am Hasensprung 6
60437 Frankfurt am Main
Tel.: 069-500 066 21
Mobil: 0172-691 30 26
E-Mail: info@htz-frankfurt.de
Web: www.hundetherapiezentrum-frankfurt.de
*Wir haben uns zur Aufgabe gemacht, weit über*
*„Sitz" und „Platz" hinaus, Hunde ALLER Rassen! zu*
*trainieren und sozialisieren.*

## Tölen & Partner
### – Coaching auf Nasenhöhe –

Dr. Muna Nabhan
Übungsplatz: Im Lauer
65812 Bad Soden-Neuenhain
Tel.: 06196-652 03 08
E-Mail: muna.nabhan@toelenundpartner.com
Web: www.toelenundpartner.com
*Coaching auf Nasenhöhe: Als systemischer Coach*
*und zertifizierte Hundetrainerin verfüge ich über*
*die nötige Qualifikation auf beiden Seiten der Lei-*
*ne gleich kompetent zu beraten. Von Welpenspiel-*
*stunde bis hin zum Hundeführerschein werden alle*
*Bereiche der Hundeerziehung abgedeckt. Spezialge-*
*biet: Arbeit mit Tierschutzhunden (Angst & Aggres-*
*sionsverhalten).*

# Gassi & Co. / Reise & Verkehr

## BEST WESTERN Hotel Domicil

Karlstrasse 14
60329 Frankfurt am Main
Tel.: 069-27 11 10
Fax: 069-27 111 222
E-Mail: info@domicil-frankfurt.bestwestern.de
Web: www.hotel-domicil-frankfurt.de

## BEST WESTERN Hotel Plaza

Esslinger Strasse 8
60329 Frankfurt am Main
Tel.: 069-271 37 80
Fax: 069-237 650
E-Mail: info@plaza-frankfurt.bestwestern.de
Web: www.plaza-frankfurt.bestwestern.de

## BEST WESTERN Hotel Scala

Schäfergasse 31
60313 Frankfurt am Main
Tel.: 069-138 111 0
Fax: 069-138 111 38
E-Mail: info@scala.bestwestern.de
Web: www.scala.bestwestern.de

## Fit mit Hund®

Fitnesstraining & Hundesport
Jürgen Hinzen
Mayen 56727
Tel.: 040-65 86 09 90
E-Mail: info@fit-mit-hund.com

## Hotel Landgasthof Weilquelle Eins

R. Odekerken
61389 Schmitten/Niederreifenberg
Tel.: 06082 451
Fax: 06082 929799
E-Mail: weilquelle-eins@t-online.de
Web: www.weilquelle.de

## Leinentausch

Persönliche Betreuung für Deinen Hund
Tel: 0157 374 50 295
E-Mail: kontakt@leinentausch.de
Web: www.leinentausch.de

## Pferde-Pensionsbetrieb Reitanlage Son-nenhof

Wilhelm Seidenthal
Steinbacher Straße 36
61440 Oberursel
Tel.: +49 6171 78257
Fax: +49 6171 980962
Mobil: +49 172 9201925
E-Mail: info@reitanlage-sonnenhof.de
Web: www.reitanlage-sonnenhof.de

**relexa hotel Frankfurt am Main**
Lurgiallee 2
60439 Frankfurt
Tel.: 069-95778 0
Fax: 069-95778 878
E-Mail: Frankfurt-Main@relexa-hotel.de
Web: www.relexa-hotel-frankfurt.de

**Rütter`s D.O.G.S. –**
**Zentrum für Menschen mit Hund - Frank-**
**furt am Main**
Mobiles Hundetraining
Corinna Geis
Ludolfusstraße 11
60487 Frankfurt
Tel.: 069 - 70794487
Mobil: 0160 – 5863663
E-Mail: c-geis@ruetters-dogs.de
Web: www.frankfurt.ruetters-dogs.de
*Sinnvolles und nachhaltiges Training nach dem Kon-*
*zept von Martin Rütter: individuell, gewaltfrei, lei-*
*se, artgerecht.*

**Tiertaxi Herrmann**
Am Alten Schloss 35
60439 Frankfurt
Service Hotline: 0800 8841234
Mobil: 0163 6052578
E-Mail: info@tiertaxi-herrmann.de
Web: www.tiertaxi-herrmann.de

**Trekking-Dogs**
Andrea Preschl
60433 Frankfurt
E-Mail: kontakt@trekking-dogs.de
Web: www.trekking-dogs.de

**wuff & weg!**
Hier kommt Ihr Urlaub auf den Hund
Doris Grüneberg
Geschäftsführerin
Mörfelder Landstr. 62
60598 Frankfurt am Main
Tel.: 069-96 237 045
Fax: 069-96 237 046
E-Mail: kontakt@wuffundweg.de
Web: www.wuffundweg.de

# Hundeauslaufgebiete

## Offizielle Hundefreiflächen:

- Alter Rebstockpark
- Am Bubeloch
- Am Ellerfeld
- Bockenheim – Institut für Sportwissenschaften
- Gerbermühle
- Harkortstraße
- Höchst (Stadtpark)
- Höchst Wörthspitze
- Huthpark
- Im Mainfeld
- Kettelerallee
- Martin-Luther-King Park
- Otto-Hahn-Platz
- Wiese östlich des Schwanheimer Kerbeplatzes
- Sindlingen
- Sternbrücke und Biegwald
- Sulzbachpark
- Tiroler Park
- Volkspark Niddatal – ehemaliges Bugagelände
- Waldfriedstraße
- Wetteraustraße am Günthersburgpark
- Zur Frankenfurt

## Flächen im GrünGürtel oder im Frankfurter Stadtwald:

- Alter Flughafen Bonames und Umland
- Enkheimer Hang
- Fechenheimer Mainbogen und Fechenheimer Leinpfad
- Fechenheimer Wald – westlich der Vilbeler Landstraße
- Fechenheimer Wald – östlich der Vilbeler Landstraße
- Heiligenstock
- Lohrberg Seckbach
- Niedererlenbach
- Niederrad (Stadtwald)
- Oberschweinstiege (Stadtwald)
- Oberwald (Stadtrand)
- Riederwald
- Schwanheimer Ufer

## Sehenswerte Gassi-Orte (mit Leinenpflicht):

- Goldsteinpark
- Grüneburgpark
- Lohrberg - Park in Seckbach
- Ostpark
- Solmspark
- Pferderennbahn Frankfurt-Niederrad

# Gesetz & Ordnung / Politik & Soziales

## DJK SV Sparta Bürgel 1921 e.V.
Am Maingarten 410
63075 Offenbach am Main
Tel.: 069-863 631 (Vereinsheim)
Tel.: 069-869 223 (Büro)
E-Mail: DrFennTierarzt@aol.com
Web: www.tierarzt-offenbach.eu

## Rechtsanwaltskanzlei Thalwitzer
René Thalwitzer
Isoldenstraße 10a
95445 Bayreuth
Tel.: 0921-1512341
Fax: 0921-1512342
E-Mail: mail@kanzlei-thalwitzer.de
Web: www.kanzlei-thalwitzer.de

## Tierschutzverein Kelsterbach e. V.
Burgstr. 5
65451 Kelsterbach
Tel.: 06107-15 01
Mobil: 0174-390 65 24
E-Mail: info@tierschutz-kelsterbach.de
Web: www.tierschutz-kelsterbach.de

---

# Gesundheit & Wellness

## Dr. Günter Fenn Tierarzt
Frankfurter Straße 80
63067 Offenbach
Tel. 069-88 09 50
Fax: 069-85 09 64 83
Mobil: 0163-8 69 90 54 (für Hausbesuche)
E-Mail: info@tierarzt-offenbach.eu
Web: www.tierarzt-offenbach.eu

## Dr. Maike Höch
Tierärztin
Eckenheimer Landstr. 340
60435 Frankfurt am Main
Tel.: 069-905 480 10
E-Mail: tierarztpraxis@dr-hoech.de
Web: www.dr-hoech.de
*Vier Tierärztinnen betreuen Sie in Frankfurt/Nord. Spezialisiert auf Innere Medizin, Operationen, Ultraschall, Kardiologie, Zahnmedizin, Heimtiere.*

## Marianne Menk-Preiss, M.A.
Tierheilpraktikerin
Lebens-Energie-Beraterin für Tiere LEB®/T
Tierheilpraxis für Kleintiere
Friedberger Anlage 19c
60316 Frankfurt am Main
Tel.: 0176-96 90 74 91
E-Mail: info@tierheilpraxis-frankfurt.de
Web: http://tierheilpraxis-frankfurt.de

## RehabiliTiere - Dienstleistung rund um Ihr Tier
Am Scheerwaldparkplatz Oberrad
60598 Frankfurt am Main
Tel.: 06102 8650993
Mobil: 0176 32108696
E-Mail: Info@rehabilitiere.de
Web: www.rehabilitiere.de
*Beratung rund um das Verhalten, das Training und die körperliche und geistige Fitness des Hundes in Form von Einzeltrainings, Gruppenstunden und Workshops sowie die kompetente Betreuung des Vierbeiners.*

## Tierarztpraxis Dr. Andrea Töpfer
Füllerstr. 100
60431 Frankfurt/M. Ginnheim
Telefon: 069-95 20 91 61
Telefax: 069-95 20 91 62
E-Mail: info@tierarztpraxis-toepfer.de
Web: www.tierarztpraxis-toepfer.de
*Kleintierpraxis*

## Tiernaturheilpraxis Christina Pohl
Höchster Schlossplatz 9
65929 Frankfurt
Tel.: 069-366 014 24
E-Mail: mail@thp-pohl.de
Web: www.thp-pohl.de

---

# Shopping & Lifestyle / Leben & Arbeit

## berger´s tierwelt GmbH
Gablonzer Straße 15
61440 Oberursel
Tel.: 06171-55060
Fax: 06171-52287
E-Mail: info@bergers-tierwelt.de
Web: www.bergers-tierwelt.de

## cania.de
Sarah+ Sophia von Chamier
Tel.: 030 37435790
Fax: 030 37435794
E-Mail: info@cania.de
Web: www.cania.de

## Dogs-Castle
The finest for Dogs
Tel.: 0049-02162-5307724 mit AB. (bitte hinterlassen Sie Ihre Rufnummer und den Namen, da wir später zurückrufen)
E-Mail: info@dogs-castle.de
Web: www.Dogs-Castle.de, www.Dogscastle.de

## Dogslive - Hundezubehör
Sonnenweg 117
60529 Frankfurt
Tel.: 069-407 695 68
E-Mail: dogslive@arcor.de
Web: www.dogslive.de

## Dog Toy
Onlineshop Kerstin Schulz
E-Mail: info@dog-toy.de
Web: www.dog-toy.de

## Fashydogs
Julia Martsch
Tel.: 03329 697011
Fax: 03329 697576
E-Mail: info@fashydogs.de
Web: www.fashydogs.de

## h u n d s k e r l e
Wendelsteinstraße 10 / Dreitorspitzstraße
85591 Vaterstetten bei München
Tel.: +49 8106 2130 282 Laden
Tel.: +49 89 46 2000 51 Büro
Fax: +49 89 46 2000 52 Büro
E-Mail: info@hundskerle.de
Web: www.hundskerle.de

## Mario's Dogshop
...alles für Ihren Hund...
Tel.: 03496 212938
Fax: 03496 301849
E-Mail: Kontakt@Marios-Dogshop.de
Web: www.Marios-Dogshop.de

## Mellow Bello
Dockenhudener Straße 4-6
22587 Hamburg
Tel.: 040-86 62 82 00
E-Mail: info@mellow-bello.de
Web: www.mellow-bello.de

## POOCHY.de
Fine Fashion for Dogs
Wilhelmstr. 36-38 – Arkade
65183 Wiesbaden
Tel.: 0611-341 29 77
Fax: 0611-341 45 67
Mobil: 0178-557 04 46
E-Mail: info@poochy.de
Web: www.poochy.de
*POOCHY.de: für stilbewusste Fellnasen & Ihre 2-Beiner.*

## Puppy & Prince Online Hundeshop
Internationales Hundezubehör
Giesbethweg 27
91056 Erlangen
Tel.: 09135-210 838
E-Mail: info@puppyundprince.de
Web: www.puppyundprince.de

---

# Gott & die Hundewelt / Trauer & Tod

## Aaron Tierbestattung
Rhenserstr. 20
56075 Koblenz
Mobil: 0178-77 55 22 1
E-Mail: info@aaron-tierbestattung.de
Web: aaron-tierbestattung.de

## Aaron Tierbestattung
Wilhelmstr. 64
55543 Bad Kreuznach
Mobil: 0178-77 55 22 1
E-Mail: info@aaron-tierbestattung.de
Web: aaron-tierbestattung.de

## Aaron Tierbestattung
Koblenzerstr. 73
65556 Limburg
Mobil: 0178-77 55 22 1
E-Mail: info@aaron-tierbestattung.de
Web: aaron-tierbestattung.de

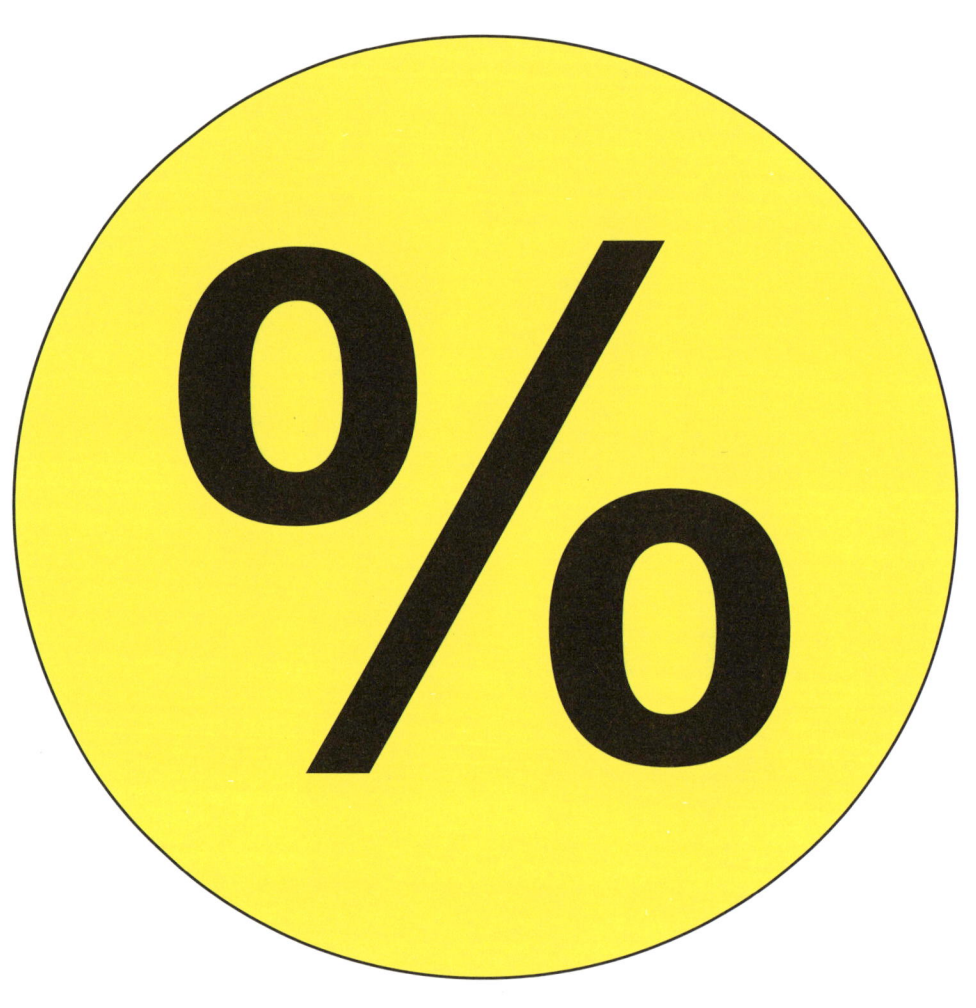

# Rabatt-
# coupons

# Rabattcoupons

# Rabattcoupons

**Felldummy.de**
Anke Haller
Mobil: 01719839868
Mail: anke@felldummy.de

Gutscheincode: FRED&OTTO
1 x pro Kunde 10 % Rabatt
auf www.felldummy.de

Gutscheincode: Gutschein-Fred&Otto
Bei dem Gutschein handelt es sich um
einen 10% Rabatt-Gutschein.

www.mister-mo.de

Wundertier
Naturkost & Drogerie für Haustiere
Garchinger Str. 36
80805 München
Tel.: 089 -17929942
Mail: info@wunder-tier.de
Web: www.wunder-tier.de

Sie erhalten einmalig zu Ihrer Bestellung bei
www.wunder-tier.de die wunderbare Wunder-
tiertüte mit vielen Überraschungen.

Gutscheincode: Fred&Otto

# Rabattcoupons

# Rabattcoupons

# Rabattcoupons

# Rabattcoupons

# Rabattcoupons

# Rabattcoupons

**Einkaufs-Gutschein**

Mit diesem Gutschein erhalten Sie
einmalig **10%** auf Ihren Einkauf bei
der Tierconfiserie WauiMiaui unter
**www.wauimiaui.de**

Gutschein-Code: **Fred&Otto**

# Rabattcoupons

# Stadtführer für Hunde

# FRED&OTTO

## unterwegs in ...

**Hamburg, Düsseldorf, Köln, Berlin, Frankfurt am Main, München, Sylt ... und ab Frühjahr 2014 auch in Wien und im Ruhrgebiet**

14,90 Euro

Holger Wetzel · Mike Meinert

Stadtführer für Hunde
FRED&OTTO
Unterwegs in Hamburg

Mark Lederer

Stadtführer für Hunde
FRED&OTTO
Unterwegs in Düsseldorf

Inga F. Spränken

Stadtführer für Hunde
FRED&OTTO
Unterwegs in Köln

Alexander Schug

Stadtführer für Hunde
FRED&OTTO
Unterwegs in Berlin

Myriam Hoffmann · Bertold Werkmann

Stadtführer für Hunde
FRED&OTTO
Unterwegs in Frankfurt am Main

Almut Otto

Stadtführer für Hunde
FRED&OTTO
Unterwegs in München

Holger Wetzel · Mike Meinert

Inselführer für Hunde
FRED&OTTO
Unterwegs auf Sylt

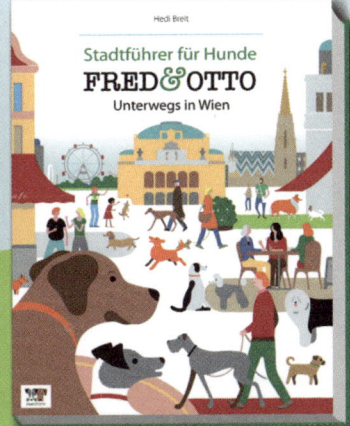

Hedi Breit

Stadtführer für Hunde
FRED&OTTO
Unterwegs in Wien

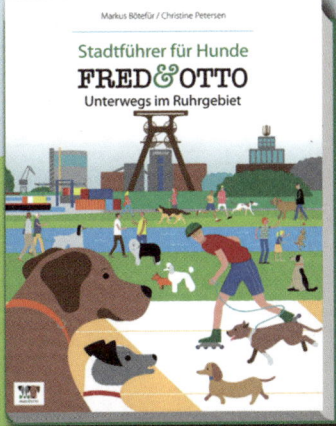

Markus Bötefür / Christine Petersen

Stadtführer für Hunde
FRED&OTTO
Unterwegs im Ruhrgebiet

**Mehr Infos unter www.fredundotto.de**

Rupert Fawcett

# Leinenlos! (Off the Leash)

Das geheime Leben der Hunde

*Fantastisch und treffend beobachtet, herzerwärmend!*

*Der Facebook-Erfolg mit über 200.000 Freunden erstmals als Buch!*

Umfang: 160 S.
Format: 14 x 15,5 cm
Ausstattung: Klappenbroschur
Abb.: 160 Cartoons
ISBN: 978-3-95693-001-0
Preis: **9,90 Euro**
Verlag: www.fredundotto.de

---

Wollten Sie auch schon immer wissen, was ihr Hund wirklich denkt? Rupert Fawcetts Cartoon-Serie "Off the Leash" über die geheimen Wünsche der Hunde hat in kürzester Zeit eine weltweite Fangemeinde gefunden. Der sensationelle Facebook-Erfolg des Londoner Kult-Cartoonisten liegt nun erstmals gesammelt in einem Buch vor: Fantastisch und treffend beobachtet, herzerwärmend komisch mit bissigem britischem Humor. Ein kurzweiliger Comic-Spaß – nicht nur für Liebhaber der schwanzwedelnden Vierbeiner.

Rupert Fawcett hat mit seinem Cartoon "Off the Leash" einen spektakulären Erfolg in der angelsächsischen Welt gehabt. Der Zeichner lebt mit seiner Familie in London und mag Hunde - und weiß, was sie wirklich über uns denken!

# Barbara Wrede

## Wartende Hunde

### Ein Buch über die Treue

*Der schön ausgestattete Bildband enthält über 100 Fotografien und Texte der Künstlerin. Herausgekommen ist ein Buch für alle Hundefans - und treue Menschen (und die, die es werden sollten).*

Umfang 200 S.
Format: 22 x 19 cm
Abb.: 160 Bilder
Hardcover
ISBN 978-3-9815321-2-8
Preis: **22,90 Euro**
Verlag: www.fredundotto.de

Ein wunderbares Buchgeschenk: Seit 1994 fotografiert die Berliner Künstlerin Barbara Wrede wartende Hunde. Die Serie „Wartende Hunde" ist Hachiko, dem japanischen Akita gewidmet, der 10 Jahre am Bahnhof auf sein verstorbenes Herrchen gewartet hat. Zugleich ist die Serie ein Versuch über die Treue.

Die Fotos der Serie „Wartende Hunde" entstanden nicht nur in Berlin, sondern auch auf Reisen nach Venedig, New York und in vielen anderen Orten.

Die Künstlerin Barbara Wrede aus Berlin gründete den Köterklub. In ihrem Atelier porträtiert, fotografiert und zeichnet sie Hunde und betreibt meditative, bis zu einem Quadratmeter große Fellstudien. Mit Buntstift.